碳中和背景下
综合能源系统的优化调度

刘 静 著

清华大学出版社
北京

内 容 简 介

本书针对传统火电系统、水电-火电系统、水电-火电-风电系统、含可再生能源及电转气的电网-天然气综合能源系统,进行了细致而深入的研究,包括背景分析、理论研究(模型及算法)、算例分析及结论。本书内容丰富且系统性很强,由单一系统到复杂的多元互补综合能源系统,由易入难,由简至繁,层层递进,紧紧围绕可再生能源、节能减排、碳中和,考虑了电转气技术在电网中的应用,并给出了不同综合能源系统的优化运行方案,此外还设计了基于黑洞理论的多目标随机黑洞粒子群优化算法,可以更快更高效地对多目标优化问题进行求解。

本书可供电气工程专业电力系统及其自动化方向的硕士生以及博士生或者从事该领域研究的其他科研人员阅读。

图书在版编目(CIP)数据

碳中和背景下综合能源系统的优化调度/刘静著.—北京:清华大学出版社,2022.11
ISBN 978-7-302-62100-3

Ⅰ.①碳… Ⅱ.①刘… Ⅲ.①能源管理－调度 Ⅳ.①TK018

中国版本图书馆 CIP 数据核字(2022)第 198811 号

责任编辑:陈凯仁
封面设计:常雪影
责任校对:赵丽敏
责任印制:朱雨萌

出版发行:清华大学出版社
　　　　网　　　址:http://www.tup.com.cn,http://www.wqbook.com
　　　　地　　　址:北京清华大学学研大厦 A 座　　　邮　　编:100084
　　　　社 总 机:010-83470000　　　　　　　　　邮　　购:010-62786544
　　　　投稿与读者服务:010-62776969,c-service@tup.tsinghua.edu.cn
　　　　质量反馈:010-62772015,zhiliang@tup.tsinghua.edu.cn
印 装 者:三河市东方印刷有限公司
经　　销:全国新华书店
开　　本:170mm×240mm　　印　张:11.75　　　字　　数:232 千字
版　　次:2022 年 12 月第 1 版　　　　　　　　印　　次:2022 年 12 月第 1 次印刷
定　　价:59.00 元

产品编号:095693-01

为应对能源危机、环境污染、温室效应等一系列人类面临的重大问题,能源将朝着清洁化、低碳化和高效协同化的方向纵深发展。以多种能源形式协同优化利用为主要特征的综合能源系统已成为"双碳"目标下我国能源转型和能源变革的重要探索方向之一。通过综合利用电、气、热、冷等多种能源形式,实现多能源间的互补互济、互联互通、协调优化,可有效提升能源利用效率和系统运行可靠性、减少碳排放及污染物排放,促进能源的清洁低碳可持续发展。因此,构建综合能源系统并研究其优化调度问题,对于推动能源转型、助力"双碳"目标的实现具有重大意义和研究价值。本书主要针对水火电综合能源系统和含电转气(power to gas, P2G)的电-气-热综合能源系统的优化调度问题进行了系统而深入的研究,包括模型构建、算法求解、约束处理以及实例仿真。主要研究内容如下:

(1) 设计了基于黑洞理论的多目标随机黑洞粒子群优化(multi-objective random black-hole particle swarm optimization, MORBHPSO)算法,可以更快更高效地对多目标优化问题进行求解。在多目标优化问题中,采用传统的帕累托占优条件所得解未必在可行区域内,针对这一缺陷,给出带等式约束的帕累托占优条件,使算法在可行域内以较快的速度搜索最优解。为加速收敛进程,提出一种处理非占优解的聚类技术。上述优化算法和带等式约束的帕累托占优条件是求解优化调度问题的基础。

(2) 针对水火电综合能源系统,为兼顾系统的经济效益与环境效益,建立了短期水火电综合能源系统环境经济优化调度问题的单目标优化模型和多目标优化模型。为有效规避多目标优化问题中的局部极值点,给出相应的变异方法。此外,为解决梯级水电站由于变量间的时间耦合性和空间相关性而造成的耦合性约束的处理难题,给出了相应的启发式处理方法。通过算例仿真,验证了上述约束条件处理方法的有效性,以及本书算法相比于进化规划法、差分进化算法和常规粒子群优化算法在求解短期水火电系统环境经济优化调度中的极大优越性。

(3) 烟气脱硫装置已被广泛采用以减少污染排放,针对这一现状,建立了含烟气脱硫装置的燃煤发电厂年利润计算模型,设计了一种脱硫奖惩机制以获得更为合理的 SO_2 排污费和脱硫电价。并在此基础上给出了考虑烟气脱硫装置的短期优化调度模型,为节能减排要求下考虑烟气脱硫装置的发电优化调度提供了新的思路与方法。

(4) 为更好地指导短期优化调度方案,在分析常用的年径流预测方法的基础上,建立了长期水火电综合能源系统优化调度问题的两种确定性模型,分别以全年水电总发电量最大和计及燃料费用、启停机费用和排污费的综合费用最小为优化目标。为使模型与实际情况更吻合,添加了城市供水和农田灌溉用水量约束。针对长期规划中水文的特点,给出了相应的库容限制约束和动态水量平衡约束的处理方法。通过典型工程算例,验证了上述约束条件处理方法和优化算法用于长期水火电系统优化调度的可行性和有效性。

(5) 针对含新能源和P2G的电-气综合能源系统,建立了综合考虑运行成本、污染气体排放量以及系统可靠性的多目标优化调度模型,计及了电网、天然气网络以及P2G的各类运行约束,给出了氢气和天然气混合气体的高热值计算方法,并提出"气负荷动态调整策略"处理天然气节点的气体压力约束以及处理氢气比例越限的方法。通过IEEE 39节点的电力系统和比利时20节点的高热值天然气系统进行了仿真分析,验证了所提优化运行模型以及约束条件处理方法的可行性、有效性,并且表明了MORBHPSO算法用于求解电-气综合能源系统多目标多约束优化运行问题的可行性以及信赖域法和L-M法求解非线性气体流量方程组的有效性。

(6) 针对含新能源和P2G的电-气-热综合能源系统,提出一种同时考虑经济效益和环境效益的优化运行模型,并给出了基于管存和储气装置气体冗余度的灵活性评价模型,细化为7种场景下的灵活性评价指标的计算模型。通过对IEEE 39节点的电力系统和比利时20节点的高热值天然气系统的仿真分析,表明了P2G的加入,可显著提高综合能源系统的灵活性,不仅增加了风电消纳量、减少碳排放、减少SO_x等污染物的排放、降低运行成本,还保证了燃气轮机的出力、减轻了系统对气源点供气量的依赖以及有效避免了天然气系统中气体压力在负荷高峰期的大幅跌落。

本书内容是作者在西安交通大学读博期间以及在中国矿业大学(北京)工作期间的研究成果。首先,感谢导师罗先觉教授的悉心指导,感谢在爱丁堡大学做访问学者期间,Harrison教授和孙炜副教授对我的指导和帮助;其次,感谢华北电力大学刘永前教授以及葛铭纬教授对我的帮助和支持,感谢我的同事王聪教授、程红教授、王彦文教授、卢其威教授、查雯婷、梁营玉、杨彦从、于甲英等一直以来的鼓励和帮助;最后,本书参考了大量的文献资料,感谢Clegg先生、卫志农先生等学者对综合能源系统做出的贡献,对本书内容有很大启发。由于作者水平有限,本书难免存在不妥和待完善之处,欢迎专家学者和读者朋友批评指正,给予宝贵意见,将不胜感激。

作　者

2022年6月于北京

目 录

CONTENTS

第1章　绪论 ……………………………………………………………………… 1

1.1　碳中和背景下的新型电力系统 ………………………………………… 1
　　1.1.1　碳中和背景 ………………………………………………………… 1
　　1.1.2　发电装机容量的现状及发展趋势 ……………………………… 2
1.2　综合能源系统简介 ……………………………………………………… 3
　　1.2.1　综合能源系统的概念及作用 …………………………………… 3
　　1.2.2　综合能源系统的主要构成 ……………………………………… 4
　　1.2.3　综合能源系统的优化调度 ……………………………………… 7
1.3　短期火电系统优化调度综述 …………………………………………… 7
　　1.3.1　短期火电系统经济优化调度 …………………………………… 8
　　1.3.2　短期火电系统环境经济优化调度 ……………………………… 8
1.4　考虑烟气脱硫装置的发电优化调度综述 …………………………… 10
1.5　短期水火电系统优化调度综述 ……………………………………… 11
　　1.5.1　短期水火电系统经济优化调度 ……………………………… 11
　　1.5.2　短期水火电系统环境经济优化调度 ………………………… 17
1.6　长期水火电系统优化调度综述 ……………………………………… 19
　　1.6.1　河川径流预测模型 ……………………………………………… 19
　　1.6.2　长期优化调度的模型 …………………………………………… 21
　　1.6.3　长期优化调度的算法 …………………………………………… 22
1.7　含新能源及电转气的短期电-气综合能源系统优化调度综述 …… 24

第2章　随机黑洞粒子群优化算法 ……………………………………… 28

2.1　引言 ……………………………………………………………………… 28
2.2　单目标随机黑洞粒子群优化算法 …………………………………… 29
　　2.2.1　粒子群优化算法 ………………………………………………… 29

　　　　2.2.2　粒子群优化算法的参数设置 ················· 29
　　　　2.2.3　黑洞理论 ······························· 30
　　　　2.2.4　随机黑洞粒子群优化算法 ··················· 31
　　　　2.2.5　改进随机黑洞粒子群优化算法 ··············· 32
　　2.3　多目标最优化技术 ······························· 32
　　　　2.3.1　帕累托最优 ····························· 32
　　　　2.3.2　帕累托占优条件 ························· 33
　　　　2.3.3　带等式约束的帕累托占优条件 ··············· 34
　　　　2.3.4　聚类技术 ······························· 34
　　2.4　多目标随机黑洞粒子群优化算法 ··················· 34
　　　　2.4.1　多目标随机黑洞粒子群优化算法简介 ········· 34
　　　　2.4.2　Gbest 与 Pbest 的选取方法 ··············· 35
　　　　2.4.3　折中最优解的选取方法 ····················· 36
　　　　2.4.4　增加算法多样性的方法 ····················· 37
　　2.5　小结 ··· 38

第3章　短期火电系统的优化调度 ························· 39
　　3.1　引言 ··· 39
　　3.2　短期火电系统环境经济优化调度模型 ··············· 40
　　　　3.2.1　目标函数 ······························· 40
　　　　3.2.2　约束条件 ······························· 41
　　　　3.2.3　数学模型 ······························· 41
　　3.3　MORBHPSO 算法在短期火电系统环境经济优化调度中的应用 ····· 42
　　　　3.3.1　初始化 ································· 42
　　　　3.3.2　算法中的粒子速度限制 ····················· 42
　　　　3.3.3　多目标规划中的变异方法 ··················· 42
　　　　3.3.4　折中最优解的选择 ························· 43
　　　　3.3.5　流程图 ································· 44
　　3.4　仿真算例及结果分析 ··························· 45
　　　　3.4.1　IEEE 30 节点系统 ······················· 45
　　　　3.4.2　IEEE 118 节点系统 ····················· 51
　　3.5　小结 ··· 52

第4章　考虑烟气脱硫装置的短期优化调度 ··············· 54
　　4.1　引言 ··· 54
　　4.2　烟气脱硫装置简介 ····························· 55

    4.3   脱硫奖惩机制 ·· 56

        4.3.1 SO_2 排污费 ································ 56

        4.3.2   脱硫电价 ······································· 56

    4.4   含烟气脱硫装置的燃煤发电厂年利润计算模型 ············ 57

        4.4.1   脱硫前年利润计算模型 ···················· 57

        4.4.2   脱硫后年利润计算模型 ···················· 57

    4.5   考虑烟气脱硫装置的短期优化调度模型 ················ 58

    4.6   仿真算例及结果分析 ································ 59

        4.6.1   脱硫奖惩机制的算例验证及分析 ············ 59

        4.6.2   烟气脱硫装置对于短期优化调度影响的算例结果及分析 ··· 63

    4.7   小结 ·· 67

第 5 章　短期水火电系统的优化调度 ···················· 69

    5.1   引言 ·· 69

    5.2   短期水火电系统环境经济优化调度模型 ················ 70

        5.2.1   目标函数 ······································· 70

        5.2.2   约束条件 ······································· 71

        5.2.3   数学模型 ······································· 72

    5.3   基于启发式方法的约束条件处理方法 ·················· 73

        5.3.1   不等式约束的处理 ···························· 73

        5.3.2   实时负荷平衡约束的处理 ···················· 74

        5.3.3   动态水量平衡约束的处理 ···················· 74

        5.3.4   库容限制约束的处理 ························· 76

    5.4   仿真算例及结果分析 ································ 79

        5.4.1   初始化 ··· 79

        5.4.2   算例 1 的仿真结果及分析 ·················· 80

        5.4.3   算例 2 的仿真结果及分析 ·················· 83

    5.5   小结 ·· 87

第 6 章　长期水火电系统的优化调度 ···················· 89

    6.1   引言 ·· 89

    6.2   长期水火电系统优化调度模型 ······················ 90

        6.2.1   全年水电发电量最大化模型 ·················· 90

        6.2.2   计及燃料费用、启停费用和排污费的综合费用最小化模型 ··· 93

    6.3   约束条件处理方法 ································· 94

        6.3.1   负荷平衡约束的处理 ························· 94

6.3.2 动态水量平衡约束的处理 ·················· 94

6.3.3 处理库容限制约束的"冗余排序法" ············· 95

6.4 径流预测模型介绍 ·························· 97

6.4.1 一般自回归模型 ······················ 97

6.4.2 门限自回归模型 ······················ 98

6.5 仿真算例及结果分析 ························ 99

6.5.1 算例数据 ·························· 100

6.5.2 初始化 ···························· 100

6.5.3 仿真结果及分析 ······················ 101

6.6 小结 ······························· 106

第 7 章 含新能源及 P2M 的综合能源系统优化调度 ········· 107

7.1 引言 ······························· 107

7.2 含新能源及 P2M 的电-气综合能源系统环境经济优化调度模型 ··· 108

7.2.1 考虑 P2M 的电力系统环境经济优化调度 ········· 108

7.2.2 考虑 P2M 的天然气系统低碳经济优化运行 ········· 110

7.3 约束条件的处理方法 ························ 113

7.3.1 等式约束的处理方法 ··················· 113

7.3.2 不等式约束的处理方法 ·················· 113

7.4 总流程图 ···························· 114

7.5 仿真算例及结果分析 ························ 115

7.5.1 算例参数 ·························· 115

7.5.2 仿真结果及分析 ······················ 117

7.6 小结 ······························· 123

第 8 章 含新能源及 P2H/P2M 的综合能源系统优化调度 ······· 125

8.1 引言 ······························· 125

8.2 含新能源及 P2H/P2M 的电-气综合能源系统经济优化调度模型 ···· 126

8.2.1 目标函数 ·························· 127

8.2.2 约束条件 ·························· 128

8.3 约束条件的处理方法 ························ 129

8.4 总流程图 ···························· 130

8.5 仿真算例及结果分析 ························ 131

8.5.1 算例参数 ·························· 131

8.5.2 结果分析 ·························· 135

8.6 小结 ······························· 137

第 9 章　含新能源及 P2G 的综合能源系统的灵活性评价 ·················· 138

9.1　引言 ··· 138

9.2　灵活性的概念 ··· 139

9.3　主要的灵活性资源及其特性 ·· 140

9.3.1　电源侧灵活性资源及其特性 ······································ 140

9.3.2　电网侧灵活性资源及其特性 ······································ 141

9.3.3　负荷侧灵活性资源及其特性 ······································ 142

9.4　含 P2G 的电-气-热综合能源系统中各气体流量的计算方法 ······· 143

9.4.1　供给热负荷和燃气轮机的气体流量 ······························ 143

9.4.2　电转气输出的气体流量 ··· 144

9.4.3　管道的气体流量方程 ·· 144

9.4.4　压缩机消耗的气体流量 ··· 144

9.5　含新能源、P2G 及储气装置的电-气-热综合能源系统优化运行模型 ····· 145

9.5.1　目标函数 ·· 145

9.5.2　约束条件 ·· 145

9.6　含新能源、P2G 及储气装置的电-气-热综合能源系统灵活性评价

模型 ·· 146

9.6.1　灵活性评价模型 ·· 146

9.6.2　流程图 ·· 147

9.7　仿真算例及结果分析 ·· 149

9.7.1　算例数据 ·· 149

9.7.2　P2G 对电-气-热综合能源系统的运行影响 ···················· 151

9.7.3　P2G 对电-气-热综合能源系统灵活性的影响 ·················· 156

9.8　小结 ··· 157

参考文献 ··· 159

附录 A　长期水火电系统优化调度算例数据 ·································· 171

附录 B　缩写词列表 ·· 174

第1章

绪　论

1.1　碳中和背景下的新型电力系统

1.1.1　碳中和背景

近年来,全世界范围内正面临着能源短缺、环境污染、气候变化三大问题。早在 2009 年和 2010 年,联合国分别在丹麦哥本哈根和墨西哥坎昆召开了世界气候大会,这充分体现出国际社会对气候变化问题的高度重视。目前,随着世界能源低碳化进程的进一步加快,以及能源危机、环境污染等问题的日益严峻,世界各国正开展一场全新的能源革命,大力推进能源系统的绿色低碳清洁化转型。我国也提出要推进能源生产和消费革命,构建清洁低碳、安全高效的能源体系。2020 年 9 月,习近平总书记在第七十五届联合国大会一般性辩论上宣布,我国力争在 2030 年前实现"碳达峰",努力争取在 2060 年前实现"碳中和",并于 2020 年气候雄心峰会上提出要在 2030 年实现国内生产总值二氧化碳排放将比 2005 年下降 65% 以上,非化石能源占一次能源消费比重将达到 25% 左右,风电和光伏总装机容量达到 12 亿 kW 的发展目标[1]。此外,美国和欧盟也已提出要在 2050 年前实现碳中和目标。由此可见,降低碳排放、构建清洁低碳可持续的能源系统已成为世界各国的重要战略目标。

据统计,全国化石能源消耗带来的碳排放约占总量的 90%,其中电力带来的碳排放占比超过 40%[2]。因此,实现碳达峰、碳中和目标(即"双碳"目标)的关键在于能源,而能源变革的主力军则是电力。按照能源革命的总体导向,电力系统的基本形态和技术特征也将会发生巨大改变。于是,以火电为主的传统电力系统正转变为一个以新能源为主体的清洁、低碳、互联、智能的新型电力系统,其中,风电、光伏等新能源将成为主力电源,而传统的水电、气电以及储能等灵活性资源将提供辅助服务以应对风电、光伏等新能源发电的间歇性波动性,电力系统将与天然气系统、热力系统紧密耦合,形成以电为中心的综合能源系统,不同能源间的相互转换和互补互济将成为必然趋势和未来发展的常态,新型电力系统的构建是实现 2030 年碳达峰、2060 年碳中和目标的迫切需要,是推动能源清洁低碳转型的基本路径,以保障我国的能源安全和实现能源的可持续发展。

1.1.2　发电装机容量的现状及发展趋势

根据国家统计局及中电联发布的相关数据显示,近十年来,我国发电装机总体保持增长趋势,其中传统化石能源发电装机占比持续下降,新能源发电装机占比明显上升。在 2011—2020 年的 10 年间,我国发电装机累计容量从 10.62 亿 kW 增长到 22 亿 kW。截至 2020 年年底,全国火电装机容量 12.5 亿 kW,占总发电装机容量的 56.8%,较 2011 年下降了 15.7%;水电装机容量 3.7 亿 kW,占总发电装机容量的 16.8%;并网风电装机容量 2.8 亿 kW,占总发电装机容量的 12.7%;并网光伏装机容量 2.5 亿 kW,占总发电装机容量的 11.4%;可见,目前的水电、风电、光伏的装机容量比重已达 40.9%,该比重势必会逐年增加,目前新增发电装机以新能源为增量主体,仅 2020 年的并网风电、光伏新增装机已高达 1.2 亿 kW,占全年新增发电装机总容量的 62.8%,已连续四年成为新增发电装机的主力军。

2021 年 3 月,全球能源互联网合作发展组织发布了《中国 2030 年能源电力发展规划研究及 2060 年展望》[3],该报告中指出:2025 年,我国电源总装机容量将达到 29.5 亿 kW,其中清洁能源装机容量为 17 亿 kW,占比为 57.5%,清洁能源发电量为 3.9 万亿 kW·h,占比 41.9%,煤电将达到峰值 11 亿 kW,风电、光伏装机容量将分别达到 5.4 亿 kW 和 5.6 亿 kW。2025—2030 年新增电力需求将全部由清洁能源满足。预计 2030 年,我国电源总装机容量将为 38 亿 kW,其中清洁能源装机容量为 25.7 亿 kW,占比为 67.5%,清洁能源发电量为 5.8 万亿 kW·h,占比52.5%,风电、光伏装机容量分别达到 8 亿 kW 和 10.25 亿 kW。2025—2060 年我国电源装机容量的规划见表 1-1。从表中可以看出,可再生能源,尤其是以风电、光伏为代表的新能源将从原来能源电力的配角演变为绝对的主角。

表 1-1　2025—2060 年我国电源装机容量的规划

电　源	2025 年		2030 年		2060 年	
	容量/10^9 kW	占比/%	容量/10^9 kW	占比/%	容量/10^9 kW	占比/%
煤电	11	37.3	10.5	27.6	0	0.0
水电	4.6	15.6	5.54	14.6	7.6	9.5
风电	5.36	18.2	8	21	25	31.2

续表

电　　源	2025 年		2030 年		2060 年	
	容量/10^9kW	占比/%	容量/10^9kW	占比/%	容量/10^9kW	占比/%
光伏	5.59	19	10.25	27	38	47.4
气电	1.52	5.2	1.85	4.9	3.2	4.0
核电	0.72	2.5	1.08	2.8	2.5	3.1
燃氢机组	0	0.0	0	0.0	2	2.5
生物质及其他	0.65	2.2	0.82	2.2	1.8	2.2
合计（电源总装机容量）	29.5		38		80	
清洁装机占比/%	57.5		67.5		96	

1.2　综合能源系统简介

1.2.1　综合能源系统的概念及作用

能源系统在朝着清洁低碳可持续化发展的过程中，新能源发电、新型储能、燃气发电、碳捕集、电制氢等技术的利用成为关键，尤其是具有"零碳排放"的新能源（以风电与光伏为主）已成为能源系统转型与变革的主力，然而，由于风电与光伏出力具有间歇性和波动性的特点，风电和光伏的容量系数极低，若要满足大部分的电量供应，其电力装机容量将远超负荷峰值，这意味着在日内运行时，若风电和光伏等间歇性可再生能源出力较大时，系统将出现大量的电力过剩，进而会出现弃风、弃光现象，比如，2019 年我国弃风电量为 168.6 亿 kW·h，弃光电量为 46 亿 kW·h，导致资源的大量浪费；若出力较低，系统则会出现大量的电力缺额，这就要求系统有大量的备用容量。与此同时，在此出力波动下，也会增加电网的传输负担。从长期来看，风电、光伏的出力还将出现严重的季节性不平衡问题。在"碳达峰"和"碳中和"的背景下，高比例新能源电力系统中会具有更为明显的间歇性、波动性特征，会给电力系统的安全稳定运行和电力电量的平衡带来极大的挑战，面临着新能源消纳困难和系统灵活性不足的难题。可见，新能源高比例渗透问题是电力系统转型发展中必须要解决的关键核心问题。

针对高比例新能源并网带来的问题，首先要提高电力系统的灵活性，它是保障电力系统安全稳定运行的前提，电力系统灵活性即在一定时间尺度下，通过优化调配各类可用资源，以一定的成本适应发电、电网及负荷随机变化的能力。随着源侧风电、光伏新能源发电装机容量的增长，系统对灵活性资源的需求将持续增长。系统需要综合利用储能、天然气系统、氢能、水能、热电联产等灵活性发电资源作为维持供电稳定的方案。目前，虽然世界上没有一个独立区域电力系统的可再生能源渗透率超过50%,但已有大量学者研究未来100%可再生能源电网的发展路径与最终形态,多样化电源与多能源协调将是其重要特征,也就是说,含有高比例新能源的多能互补综合能源系统可有效支撑高比例新能源电力系统的安全可靠运行,助力构建清洁低碳电力系统。所谓综合能源系统指的是一种存在多种能源交互的能源综合网络,它通过电、气、冷、热等多能源综合规划、协调控制、智能调度以及能源间的互联互通、互济互动,可以显著提高能源利用率和可再生能源尤其是风电和光伏等新能源的消纳能力[4]。

1.2.2 综合能源系统的主要构成

综合能源系统是一个多能源耦合并协同互补的复杂系统,涉及火电、水电、风电和光伏等新能源、天然气、储能、热能、氢能、电转气等,它的基本结构如图1-1所示。根据《电力行业"十四五"发展规划研究报告》,在"十四五"期间,要清洁高效发展火电、推进水电绿色发展、加快抽水蓄能电站和燃气调峰电站的建设,以集中式和分布式并举大力发展风电、光伏等新能源,开展"风光水火储一体化"建设,可见,综合能源系统的协调优化运行对于电力系统综合调节能力的提高具有重要的理论价值和现实意义。下面针对综合能源系统的主要构成部分进行逐个描述。

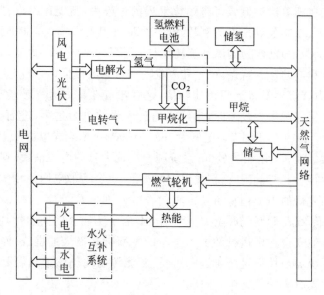

图 1-1　综合能源系统基本结构

1. 水火电互补系统

长期以来,火电一直占据着电力系统的主体地位,截至2020年年底,我国火电的装机容量为12.5亿kW,依然占到总发电装机容量的56.8%,最常见的火电形式为燃煤发电。众所周知,火力发电厂会排放大量的二氧化碳、硫氧化物以及氮氧化物等有害气体,不仅污染环境,还会导致严重的温室效应。为应对全球气候问题,并进一步加强节能减排工作,早在多年前政府部门便要求火力发电厂在提供安全低廉的电力前提下,还要保证对环境的危害最小。常见的减排措施包括使用低污染排放的燃料、环境经济优化调度(optimal environmental economic dispatching, OEED)和安装脱硫装置。最优的环境经济调度不仅考虑系统的经济效益,还考虑系统的环境效益,近年来备受国际社会的关注。此外,燃煤电厂已广泛采用脱硫装置来脱除二氧化硫。这是因为二氧化硫的大量排放带来了一系列严重的环境问题(如酸雨),对我国环境造成了巨大压力,区域环境质量不容乐观。从20世纪80年代末开始,由二氧化硫引起的空气污染和酸雨问题就已经引起了我国政府的高度关注,并逐步出台了一系列控制二氧化硫排放的措施。比如,在2003年,国家计委、财政部、国家环保总局和国家经济贸易委员会根据国务院《排污费征收使用管理条例》(国务院令第369号),特联合制定了《排污收费征收标准管理办法》(四部委令,2003年第31号)。可见,作为二氧化硫排放大户的火电行业消减二氧化硫的任务异常艰巨,是脱硫工作的重点所在。但由于脱硫设备高投资、高运行成本、脱硫技术制约、占地面积大等问题,导致很多燃煤电厂在安装了脱硫装置后,并没有真正去运行脱硫装置,因此,脱硫装置的脱硫环保作用并没有得到充分发挥。研究烟气脱硫装置对发电优化调度及发电企业利润的影响,对于提高燃煤电厂安装并运行脱硫装置的积极性、促进节能减排具有重大的理论研究价值和实际指导意义。

节约能源消耗、降低碳排放以及减少环境污染已经迫在眉睫,且成为我国能源战略的重要组成部分。在2021年刚刚发布的《中华人民共和国国民经济和社会发展第十四个五年规划和2035年远景目标纲要》中明确指出,单位国内生产总值能源消耗和二氧化碳排放要分别降低13.5%和18%,主要污染物排放总量持续减少,要提高电力系统互补互济和智能调节能力。在《电力行业"十四五"发展规划研究报告》中也指出,要协调火电与可再生能源的协调发展,减低电力碳排放强度,助力"碳达峰"目标。那么,作为清洁能源且是可再生能源的水电可与火电形成优势互补。

水火电互补系统是最早、最简单的一种综合能源系统,水电是技术成熟且运行灵活的清洁低碳可再生能源,具有防洪、发电、航运、灌溉等综合利用功能,其经济和环境效益显著。相比于火电,水力发电清洁无污染、启停机及爬坡速度快速,非常适合作为系统的调峰资源。根据统计显示,我国水能资源可开发装机容量约为6.6亿kW,年发电量约为3万亿kW·h,按利用100年计算,相当于1000亿吨标煤,在常规能源资源剩余可开采总量中仅次于煤炭,我国的水能资源总量、投产装机容量和年发电量均居世界首位。截至2020年年底,水电的装机容量3.7亿kW,占到总发电装机容量的16.8%,预计2025年水电的装机容量为4.6亿kW,占到总发电装机容量的15.6%。

2. 风电、光伏等新能源

风电、光伏都是清洁、绿色、无碳排放、无污染的新能源,全球的风能和太阳能资源十分丰富、开发潜力巨大,全球风能资源的理论蕴含量约为 2.0×10^{15} kW·h/年,太阳年辐射到地球表面的能源约为 1.16×10^{14} t标准煤,超过全球化石能源的总储量;我国的风能资源分布广泛,陆上(高度70m和80m)的技术可开发量约 6.1×10^9 kW,主要集中在"三北"地区,海上(水深5~25m)的技术可开发量约 2.0×10^8 kW;我国可利用的太阳能发电资源约为 2.7×10^9 kW,主要集中在西部省份。在"碳达峰"和"碳中和"背景下,风电、光伏等新能源将逐步替代传统化石能源,也将成为世界能源发展的主要趋势。2021年3月,国家发改委发布的《中华人民共和国国民经济和社会发展第十四个五年规划和2035年远景目标纲要》中提出,要大力提升风电、光伏发电规模,坚持集中式和分布式并举,加快发展东中部分布式能源,有序发展海上风电。风电和光伏将迎来前所未有的高速发展。预计到2025年,风电、光伏装机容量占比将超过37%;到2030年,风电、光伏装机容量占比将达到48%。

风电和光伏的发电出力都具有间歇性、波动性和反调峰特性,弃风、弃光现象明显。大规模风电、光伏等新能源的消纳问题一直是电网面临的重要难题,随着风电、光伏等新能源的装机容量逐步增大,电网将面临更为严峻的高比例新能源入网挑战。具体体现为[5]:①风电、光伏发电量较大的部分地区,如西北、东北地区,其装机容量远超最大用电负荷,影响了新能源消纳。②供热期间的系统调峰能力不足也造成了新能源在本地消纳的困难。比如,北方供暖期与大风期重叠,部分省网冬季低谷期调峰能力严重不足,使得弃风问题突出。③风电、光伏的送出能力不足也是影响其跨区消纳的主要因素。比如,甘肃河西地区风电、光伏装机容量较大,超过了15GW,但由于网架相对薄弱,送出能力不足,直接影响了新能源的消纳。而可以实现能源间互补互济的综合能源系统为新能源的消纳提供了途径,可以借助于水电、火电、电转气和天然气系统极大地提高风电、光伏等新能源的消纳率,具体内容将在后面的章节进行详细描述。

3. 电转气及氢气

电转气(power-to-gas,P2G)是将电能转化为氢气或者天然气的一种技术,包含两种:一种是电转氢气(power-to-hydrogen,P2H),就是通过电解水,生成氢气;另一种是电转甲烷(power-to-methane,P2M),就是再将电解水产生的氢气与二氧化碳反应,产生甲烷。随着电转气技术的日趋成熟,电网和天然气网络的耦合关系日益紧密,将无法消纳的风电、光伏等新能源通过电解水生成氢气,或者再与二氧化碳反应生成甲烷,直接注入到天然气系统中,这样便可以实现能量在电网和天然气网络之间的双向流动,互为备用。一方面,增加了风电、光伏等新能源的消纳量,并将这部分电能储存于天然气网络中(此时的天然气网络相当于一个容量极大的电力储能系统),补充了天然气供应量;另一方面,通过燃气轮机将天然气转换为较低碳和较清洁的电能(或热能),以补充电力供应或做调峰使用。可见,电转气技术为风电、光伏等新能源的消纳提供了新思路和新途径。

氢气是一种零碳、清洁、可与电能双向转化的灵活性资源,能够在电力系统各环节发挥调节作用,在面向"碳中和"的电力系统转型中必不可少。电制氢、氢储能以及氢燃料电池对于提高系统灵活性的潜力非常巨大。据估计,为实现"碳中和"目标,我国用作提供电网灵活性的氢气生产容量将至少要达到 100GW。因此,氢气在碳中和目标下的高比例新能源电力系统中扮演着重要的角色。目前,丹麦、美国等国家已经开展绿色氢枢纽项目,丹麦绿色氢枢纽主要目的是确保可再生能源供应,而不受外界天气影响。该项目将季节储氢和日常储氢结合在压缩空气储能中,为用户提供 100%绿色电力。美国犹他州可再生能源-氢发电枢纽项目则计划用可再生能源制氢进行发电,以替代燃煤发电厂,该发电厂将在 2025 年使用 30%的绿色氢气,并在 2045 年之前使用 100%的绿色氢气,实现可再生能源电力并网的稳定运行。在我国,氢也逐渐被作为一种重要的区域灵活性调节资源,在我国三北地区等新能源富集区域和海上风电资源丰富地区都具有广泛的应用前景。长期看来,在高比例新能源的新型电力系统中,氢将成为实现长周期跨季节储能、双向灵活调节的主要灵活性资源。

1.2.3 综合能源系统的优化调度

包含风电、光伏、氢气、水电、火电、燃气轮机等的综合能源系统是实现"碳达峰"和"碳中和"目标下能源间互联互通、互补互济的必然产物,可以有效提高风电、光伏等新能源的消纳率、降低碳排放、节约能源消耗以及减少污染物排放。因此,针对综合能源系统的优化调度便至关重要。

接下来将按照"单个系统-复杂多系统"的思路,主要围绕着短期火电/水火电系统的优化调度问题、考虑烟气脱硫装置的发电优化调度问题、长期水火电系统优化调度问题、含新能源及电转气的短期电-气综合能源系统的优化调度问题,进行深入而系统的描述,主要涉及优化模型和优化算法,尤其是相关约束条件的处理等方面的问题。

1.3 短期火电系统优化调度综述

短期火电系统优化调度问题的研究已经相当成熟。一般是以一天为调度周期,以 1h 为单位,在满足系统各种物理条件和安全运行条件下,确定火电机组各小时的有功出力。主要包含考虑联络线约束的多区域经济优化调度、考虑多种燃料的经济优化调度、考虑环境因素的环境经济优化调度等,是电力系统优化计算中的重要内容之一。

1.3.1　短期火电系统经济优化调度

短期火电系统经济优化调度（short-term optimal economic thermal dispatching，SOETD）问题只涉及系统的经济效益，通常以机组的总燃料费用最小作为目标函数，约束条件包括实时负荷平衡约束、机组出力限制约束、爬坡限制约束、备用约束、传输线最大容量约束等，是一个单目标、高维、非线性的有约束优化问题。传统的求解方法则根据原始的耗量曲线，微分求得微增率曲线，并以此进行经济负荷分配[6]。1934 年，Steinberg 提出以数学极值理论为基础的等微增率原理[7]，该方法普遍适用于耗量特性为凸函数的火电机组经济负荷分配问题，并且长期以来，在电力系统优化发电调度中发挥着重要作用，但是值得注意的是只有当微增率上升时，等微增率原则才是最经济的。除此之外，其他用于求解该问题的传统算法还有：线性规划法[8-11]、二次规划法[12-13]、非线性规划法[14]、动态规划法[15-17]、拉格朗日松弛法[18-19]等，都取得了一定的成果，但同时也存在一些问题。比如，线性规划法简单易用，但准确度较差；动态规划法存在严重的维数灾难问题；拉格朗日松弛法采用分层优化，效果好，但是难以获得可行解。

近年来，众多的智能优化算法如遗传算法（genetic algorithm，GA）[20-23]、模拟退火（simulated annealing，SA）算法[24-25]、粒子群优化（particle swarm optimization，PSO）算法[26-28]、差分进化（differential evolution，DE）算法[29-32]等以及各种混合算法[33-35]被广泛运用到火电系统经济优化调度中，并取得了很好的优化调度结果。尤其是粒子群优化算法，由于它具有原理简单、易于编程实现、调整参数少、收敛快、良好的局部搜索和全局搜索能力等优点，因而被运用到电力系统优化计算的各个方面。然而，上述研究成果没有考虑环境因素，没有全面体现电力系统中节能减排的原则。

1.3.2　短期火电系统环境经济优化调度

除了短期火电系统经济优化调度问题，还有同时考虑电力系统经济效益和环境效益的短期火电系统环境经济优化调度（short-term optimal environmental economic thermal dispatching，SOEETD）问题，即同时优化火电机组的总燃料费用和总污染气体排放量，是一个复杂的多目标、高维、非线性、有约束优化问题，而通常情况下，求解多目标优化问题比求解单目标优化问题要困难很多。一般而言，SOEETD 问题中的燃料费用函数和污染气体排放量函数是相互冲突的（说明：根据燃料费用系数和污染气体排放量系数对函数进行曲线拟合，便可以清楚地看出燃料费用和污染气体排放量随着发电出力的增大而大致呈现出相反的变化趋势，因此说两个函数是相互冲突的），也就是说当仅追求燃料费用最低时，会损害环境利益；而当仅追求污染气体排放量最低时，则损害经济利益。所以研究如何能同时兼顾相互冲突的经济利益与环境利益，寻求两者利益之间的折中点，以使得社会效益最大的问题具有重要意义,国内外学者对此也进行了大量的研究。

用于解决短期火电系统环境经济优化调度(SOEETD)问题的传统方法主要有权系数和法[11,36-41]、费用惩罚系数法[42-44]、约束条件法[45-46]和上述方法的混合方法。其中,权系数和法是将燃料费用函数和污染气体排放量函数乘以一定的权系数并相加,将多目标优化问题转变成单目标优化问题,需要经过多次运算才能获得帕累托最优前沿(Pareto optimal front,POF),而且难于选择最优的权系数。例如,将燃料费用最低、环境排放物最少、安全指数最高作为优化目标,采用权系数和法是将多目标问题转化成单目标问题,并采用"单纯形法"选取最优的权重,利用"模糊隶属度法"获取满意度最大的函数值,即最优值;费用惩罚系数法则是通过费用惩罚系数将污染气体排放量转化成相应的费用值,并与燃料费用相加构成新的单目标优化函数,但费用惩罚系数只是一种近似估算值[40]。有些研究是根据协调方程式得到关于燃料费用系数、污染气体排放量系数和负荷的发电量表达式,采用直接解析法进行求解[43],但实质上依然是费用惩罚系数法的一种;而约束条件法则把污染气体排放量作为约束条件加入传统的经济调度中,采用单目标优化方法进行求解,该方法只是在原经济优化调度的基础上添加了污染气体排放量约束限制,并不是真正意义上去优化污染气体排放量,所以无法得到帕累托最优前沿。

上述方法的主要思路是将多目标优化问题转化为单目标优化问题,使问题得到简化的同时也产生了较大的误差。近几年,启发式优化算法[11,47-54]被广泛应用到 SOEETD 问题中,而且将 SOEETD 问题作为多目标优化问题进行优化,即同时优化燃料发电机组中的燃料费用函数与污染气体排放量函数。Basu 采用非占优排序遗传算法(non-dominated sorting genetic algorithm,NSGA)进行环境经济优化调度[47],在传统的遗传算法(GA)基础上对粒子的每个个体添加了两种新的属性——非支配的排序(non-dominated rank)和拥挤距离(crowding distance),并以此来判定解的优劣,取得了较好的效果,但是遗传算法计算时间长,收敛速度慢且由于交叉、选择、变异使得算法操作复杂。Abido[48]采用改进的多目标进化算法,根据模糊集理论得到折中最优解,并通过多个仿真算例表明了进化算法相比于遗传算法的优越性,即得到更低的燃料费用和更少的污染气体排放量。

此外,多目标粒子群优化(multi-objective particle swarm optimization,MOPSO)算法具有收敛快、易于实现且容易平衡局部搜索与全局搜索的特点,被广泛应用于发电调度的优化计算中。MOPSO 算法对全局最优极值和个体最优极值进行了重新的定义,即全局最优极值和个体最优极值不再是一个确定解,而是一组解集,称为全局最优解集和个体最优解集。同样地,最优解也是一组解集,即帕累托最优前沿(POF),并采用各种方法在 POF 中取选取折中最优解。Abido[49]采用帕累托占优条件获得 POF,通过模糊隶属度函数获得折中最优解,相比于线性规划算法[9]和进化算法[50],得到了分布均匀且分布范围较广的帕累托最优解集。MOPSO 算法还被成功应用于考虑多区域间备用共享的环境经济优化调度中[51],

同时还计入了区域间电力传输费用。为加快收敛进程和增加解的多样性,Abido采用局部搜索法和适应值共享法,得到了分布特性较好的 POF[52],但是文中没有考虑网损。Singh 等在 MOPSO 算法中引入模糊机制,随机生成一个以全局最优极值为中心且符合正态分布的区域,利用锦标赛选择法确定全局最优极值[53],但是个体最优极值的选取不符合多目标规划原则,容易使算法陷入局部极值点,限制了算法的搜索能力。

除了建立上述的确定型模型,还可以建立短期火电系统环境经济优化调度的随机优化模型[55],将机组出力、燃料费用系数、污染气体排放量系数均看成期望值,文中通过算例仿真,表明了随机模型没有确定模型的优化效果好,但是随机模型更贴近实际情况中的不精确性和不确定性,可以使决策者规避在不确定性环境中的风险,也具有一定的实际意义。

综上所述,可以看出短期火电系统环境经济优化调度问题的求解方法可以分为两种:一种是通过权重和法或费用惩罚系数法或约束条件法将多目标优化问题简化为单目标优化问题;另一种是采用多目标优化算法,通过帕累托占优条件求得帕累托最优前沿,进而对多目标优化问题进行求解。显然帕累托占优条件和多目标优化算法对优化结果起着关键性的作用,因此亟待研究更为合理、更为有效的帕累托占优条件和多目标优化算法。

1.4　考虑烟气脱硫装置的发电优化调度综述

为应对全球气候问题,并进一步加强节能减排工作,要求火力发电厂降低硫氧化物、氮氧化物以及 CO_2 等污染气体的排放,其中 SO_2 带来严重的酸雨问题。而电力行业是排放 SO_2 的主要行业,因此,脱除 SO_2 成为发电企业一项严峻的任务。目前,我国已建立了较为完善的国家大气污染物防治法规以及控制污染气体排放的标准体系。其中,控制 SO_2 排放的烟气脱硫装置被广泛采用,相应的脱硫产业得到较快发展,因此,研究烟气脱硫装置在电力系统中的应用及其对发电调度的影响已成为电力系统优化调度的一个重要组成部分。

根据国务院《排污费征收使用管理条例》(国务院令第 369 号),2003 年国家计委、财政部、国家环保总局和国家经济贸易委员会,特联合制定了《排污收费征收标准管理办法》(四部委令,2003 年第 31 号),规定 SO_2 的收费标准分两年涨至 0.63元/kg。可见,安装烟气脱硫装置已势在必行。截至 2007 年年底,我国火电厂烟气脱硫装置容量约占火电总装机容量的 50%,但多数为新建机组,单靠新建机组是无法达到 SO_2 排放限制标准的,所以老机组的脱硫改造对 SO_2 的减排有关键性影响[56]。但是,老机组的脱硫改造存在一定的困难,如资金筹措问题和高运行成本等。

就脱硫运营而言,邓彦斌[56]通过对国家政策和脱硫设施生产运营的分析,建立了脱硫项目效益综合评价系统,但是其各评价指标是通过调查问卷以权重的形式给出的,具有很大的主观性。吴凤[57]在排污权交易理论的基础上,构建了 SO_2 排污权交易体系的结构框架,虽然在美国和日本等国家已经可以很好地利用排污权交易机制来解决污染排放问题,但是排污权交易的初始分配问题很难解决,利益牵扯巨大[58],依据我国国情,排污权交易的基础,即电力市场还尚不成熟。此外,对脱硫工艺的优化国内外进行了大量的研究[59-60],但是,对于含烟气脱硫装置的发电企业年利润计算模型、脱硫奖惩机制以及考虑烟气脱硫装置的短期优化调度的研究还不够完善。

1.5　短期水火电系统优化调度综述

为充分且合理地利用清洁的水能资源,实现水火电之间的互补互济,水火电系统的优化调度问题一直以来都是国内外学者的研究热点。我国也积极利用清洁的水力资源,如何更好地发挥水火电互济作用,最大程度地提高整个电力系统的综合效益,降低发电成本并减少污染,一直是水利电力部门普遍关注的问题。近年来,随着节能减排工作的深入,同时考虑经济效益和环境效益的短期水火电系统环境经济优化调度问题的研究显得越发重要。短期水火电系统环境经济优化调度是一个具有众多复杂约束条件的大型、高维、非凸、动态、有时滞的非线性多目标优化问题,可采用数学上传统的优化算法对此问题进行求解,即以系统工程学为理论基础,利用最优化原理和现代计算机技术,寻求满意的且满足电力系统调度原则的方式。

梯级水电站的出现使上下游水库之间的水力联系很密切,使变量间具有时间耦合性和空间相关性,进而使得发电流量、水库容量和动态水量平衡之间的耦合度加大,这进一步增加了问题的复杂性。随着系统工程理论和各种现代优化方法的出现,短期水火电系统优化调度的各种新模型与优化算法相继出现。但是,由于该问题的优化求解尤其是相互耦合的约束条件的处理十分困难,所以亟待研究有效的方法用于处理众多耦合度极高的复杂约束以及能应用于复杂水火电系统优化求解的高效算法。

1.5.1　短期水火电系统经济优化调度

短期水火电系统经济优化调度(short-term optimal economic hydrothermal scheduling,SOEHS)问题,一般是指通过确定一天内水电机组各小时的发电流量和火电机组各小时的出力,并能在同时满足实时负荷平衡约束、水火电机组出力限制约束、发电流量限制约束、水库容量限制约束、始末库容约束、动态水量平衡约束等众多约束条件下,实现系统的总运行费用最小。一般情况下,由于水电来自天然水资源,所以忽略水电的运行费用,也就是说系统的总运行费用即为火电机组的运行费用(一般认为是燃料费用)。长期以来的研究已经形成众多的优化计算方法,下面分别从常规算法和智能优化算法两个方面进行介绍。

1. 常规算法

（1）启发式方法

启发式方法是最早使用的一类优化方法，该方法没有严格的理论依据，主要依据调度员的实际调度经验和直观判断进行简单的优化寻优。启发式方法可分为局部寻优法和优先顺序法两种。其中，局部寻优法是从一个尽可能好的初始解出发，在其邻域内进行寻优，并通过迭代求得最优解或次优解，该方法计算速度快、所需内存少，但往往找不到最优解。优先顺序法将系统可调度的机组按某种经济特性指标排列顺序（如根据煤耗情况），根据系统负荷大小按优先顺序依次投入机组。优先顺序法思路简单、计算速度快、占用内存少，但常常无法获得最优解，不过已经可以满足一般的应用要求，所以目前优先顺序法依然得到一定的应用。

（2）等微增率法

等微增率法除了在短期火电系统的优化调度中有应用，也广泛地应用于早期的水火电系统优化调度中。其思想最早产生于 20 世纪初期，并于 20 世纪 50 年代形成具体的理论和方法。长期以来，该方法在电力系统优化调度中发挥着重要作用，而且在实际电力系统中的应用也非常广泛[61]，尤其是普遍适用于单个发电厂以及不太复杂的水火电系统。

（3）线性规划法

线性规划（linear programming，LP）法是规划数学中发展最为完善的一种静态优化方法，优化问题由一组线性方程表示，且目标函数和全部约束条件都是线性的。由于它处理高维问题的能力强，可从任意初始解开始搜索迭代求解，且算法简单、计算速度快、便于处理约束条件，从而在电力系统优化调度规划中受到广泛关注。但是，实际情况下的短期优化调度问题的目标函数和约束条件均是非线性的，因此，在实际工程应用中采用线性规划法之前，必须先做合理的线性化处理。线性化处理方法共有两种：一种是线性逼近非线性的方式，即对非线性函数进行一阶泰勒级数展开；另一种方式是采用分段线性化处理。显然前一种方式要求函数必须一阶可导，而后一种方式会引入新的变量，增大问题的规模，可见两种处理方法各有优劣。Hernandez 等采用线性规划法来求解短期的 Colombian 互联水火电系统优化调度问题[62]，并将燃料费用采用分段线性凸曲线进行逼近，除了考虑动态水量平衡约束，还考虑了区域间的交换功率、备用要求和发电厂的容量限制。

（4）网络流规划法

网络流规划（net flow programming，NFP）法本质上是一种特殊的线性/非线性规划法，主要目的是寻找从起点到终点的最小费用路径，进而得到最小化优化问题的解。网络流规划法是进行电力系统优化调度计算的一种很有特色的优化方法，它保留了电力网络和水力网络的拓扑结构，用图论的方法和逻辑运算手段代替了通常求解线性和非线性规划所使用的纯数值计算，具有所需内存少和计算速度快的优点[63]。自 20 世纪 70 年代以来,该方法在电力系统经济运行中得到了广泛应用。Johannesen[64]、朱继忠等[65]均是将水火电系统调度问题分解为水电子系统和火电子系统,并采用标准的网络流规划法进行求解,有力地说明了网络流规划法在求解水火电系统优化调度问题的可行性和有效性。

(5) 动态规划法

动态规划(dynamic programming,DP)法是解决多阶段决策过程最优化的一种数学方法。该方法在列举出各种可能状态组合中,有效地摒弃了一些无须考虑的解。该方法对目标函数和约束条件没有严格的要求,也不受任何凸性、线性、连续性的限制,可以方便地考虑随机优化问题,只是要求所求解的问题具有明确的阶段性,因此,动态规划法长期以来在电力系统短期优化调度研究中得到相当广泛的应用。Tang 等[66]将水火电系统优化调度问题分解为水电和火电子系统后,采用动态规划法和混合协调法求解水电子问题,当天然来水量有不可预知的波动时,该方法可以很好地处理该状况。

在求解复杂的高维多变量优化问题时,动态规划法会遇到维数灾难问题。尽管目前已经开发出了多个解决维数灾难的方法,如增量动态规划法、离散微分动态规划法、状态增量逐次逼近动态规划法、微分动态规划法、逐次优化算法以及动态解析法等[67],但上述这些方法均存在或多或少的缺点,维数灾难问题并没有从根本上得以解决。

(6) 分解协调法

分解协调法的基本思路是根据系统的复杂程度,将系统分解为一系列两层或两层以上的子系统,并在各子系统上设置一个协调器,用于求取各子系统的计算结果,若所得结果不是最优结果,则经协调器进行协调后,指示各子系统修改相关参数,重新进行求解。被广泛应用于短期水火电系统经济优化调度问题的分解协调法是拉格朗日松弛(Lagrangian relaxation,LR)[68-69]法。拉格朗日松弛法是一类有着成熟理论基础的组合优化算法,该算法随着系统规模的增加,计算量近似成线性增长,很好地克服了维数障碍,适合解决大型系统优化问题[70],同时还具有便于处理多个约束条件的优点。但该算法也存在着不可忽略的缺点,如在用对偶法求解时,存在着严重的对偶间隙,需要根据对偶问题的优化解采取一定的措施构造原问题的优化可行解,这是较困难的。另外,在迭代求解过程中可能出现振荡或奇异现象,需要采取相应的措施加以处理。Liang 等[71]结合遗传算法和拉格朗日松弛法对短期水火电系统优化调度问题进行求解,首先通过拉格朗日法形成主问题,再利用遗传算法优化问题的控制变量和拉格朗日乘子,取得了较好的效果。

2. 智能优化算法

20 世纪 70 年代初兴起的智能优化算法,为求解复杂优化问题打开了新的思路,并显现出比常规优化算法更大的优势。常用于求解短期水火电系统经济优化调度的智能优化算法有遗传算法(GA)[72-75]、模拟退火(SA)算法[76-77]、人工神经网络(artificial neural networks,ANN)法[78-80]、模糊优化算法[81-83]、进化规划(evolutionary programming,EP)法[84-86]、差分进化(DE)算法[87-90]和粒子群优化(PSO)算法[91-97]等。这些优化算法为电力系统优化发电调度问题的求解开辟了一条新的途径,掀起了一股新的研究热潮,相应地也涌现出许多新的成果。

(1) 遗传算法

遗传算法(GA)借鉴自然界的生物进化规律,即适者生存、优胜劣汰的原理,借助遗传算子进行交叉和变异,逐代演化产生出更优的近似解,是一类随机搜索的全局优化方法。它于 20 世纪 70 年代由美国密歇根(Michigan)大学的 Holland 教授首先提出[72],其主要特点是可直接对对象进行操作,不存在求导和函数连续性的限制,具有很好的全局寻优能力。同时,采用概率化的寻优方法,能自动获取并指导优化的搜索空间,自适应地调整搜索方向,不需要确定的优化规则。由于遗传算法的上述特质,它已被广泛应用于组合优化、自适应控制和人工智能等领域。

Sasikala 等[73]明确指出,传统的优化算法在运算时间、计算精度和鲁棒性方面都不如遗传算法,并在 γ 迭代法的基础上,采用遗传算法对定水头的水火电系统进行经济优化调度,通过 4 个不同的算例验证了遗传算法的优势。为了在有限规模的群体中增加算法多样性,Wu 等[74]提出了一种间接的基于双链态基因型染色体的解码方法,其交叉算子通过分离和重组过程来实现。另外,为了避免染色体的长度随着机组数和计划时段数的增加而增大,Desouky 等[75]采用序贯遗传算法策略,即依次在某些时段内进行选择、交叉和变异运算,很好地解决了编码过长的问题。

(2) 模拟退火算法

模拟退火(SA)算法是基于蒙特卡洛迭代求解策略的一种随机寻优算法,其出发点是基于物理中固体物质的退火过程与一般组合优化问题之间的相似性,即从某一较高初温出发,伴随温度参数的不断下降,结合概率突跳特性在解空间中随机寻找目标函数的全局最优解。模拟退火算法在理论上具有概率的全局优化性能,目前已在工程中得到了广泛应用。其优点是可以处理任意的系统和成本函数,统计上可保证找到最优解且实现过程简单;缺点是收敛速度较慢,计算时间长,且无法标识是否已经找到最优解。Wong 等[76-77]对短期水火电系统经济优化调度问题进行了一定的简化后,分别采用传统的模拟退火算法和并行模拟退火算法进行计算,但计算时间较长,工程上似乎难以接受。

(3) 人工神经网络法

人工神经网络(ANN)法主要有前向型神经网络和反馈型神经网络两种。根据所描述模型采用的是微分方程还是差分方程,将反馈型神经网络分为连续系统和离散系统两大类。其中,应用最为广泛的是 Hopfield 神经网络模型。Liang

等[78]首先采用多层前向型 ANN 算法获得初步的水电调度计划,然后,在进行实时调度之前,对上述获得的历史样本进行学习,最后采用基于启发式的搜索算法检验初步调度计划的可行性,并获得可行的次优解。但是由于样本点的选取未考虑水库水位的变化及水流延迟的影响,因此不能全面反映系统的实际情况。为加快神经网络的收敛速度,朱敏等[79]通过分解网络技术,将一个复杂网络分解为多个简单网络。算例结果表明,分解网络技术不仅可以加快算法的收敛速度,而且提高了ANN 算法的适应性和灵活性。Park 等[80]采用 Hopfield 神经网络,并用分段的二次费用函数逼近非凸费用函数,最后用实例验证了 Hopfield 神经网络用于非凸费用函数的经济优化调度的可行性。

(4) 模糊优化算法

模糊优化理论最早起源于 20 世纪 70 年代,由 Bellman 和 Zadeh 提出的模糊决策概念和模糊环境下的决策模型[81]。它主要是将优化问题中确定性约束条件采用模糊方式进行表达,不仅能表示可行解,而且对不可行解也可按距离可行域的远近程度进行模糊处理,这样一来,可在有效处理约束条件情况下,将模糊理论与多种其他优化算法相结合,如遗传算法、动态规划法和线性规划法等,已广泛应用于短期水火电系统经济优化调度问题中。当系统含有梯级水电站时,常将目标函数及系统负荷和自然径流进行模糊化处理,使用遗传算法对隶属度函数进行优化,并采用模糊动态规划法对整个系统进行求解[82]。谢永胜等[83]利用三角模糊数来描述不确定的来水量和随机负荷,使用模糊机会约束来描述水库蓄水量约束和线路安全约束,采用线性规划法求解整个短期水火电系统优化发电调度问题。

(5) 进化规划法

进化规划(EP)法是 20 世纪 60 年代由 Fogel 和 Burgin 首次提出的[84],用传统的十进制实数来表达问题,通过对旧个体添加一个与个体适应度有关的随机数而产生新的个体,相当于是通过突变方式来获取新个体,并最终通过比较个体适应度来选择较优的个体进入下次迭代。可见,该方法没有复杂的编码(采用十进制),不需要对个体进行交叉、重组等操作(仅需变异操作),所以操作简单、易于实现,已广泛用于电力系统优化调度中。Hota[85]和 Sinha[86]均将进化规划法运用到短期水火电系统经济优化调度问题中,但是 Hota 将所有火电机组等效为一个火电机组来对待,问题太过简化;Sinha 在算法中加入了包括高斯变异在内的多种变异方法用于加快收敛进程,结果表明基于高斯变异和柯西变异的 EP 算法的收敛特性较佳,可得到更好的优化结果。

(6) 差分进化算法

差分进化(DE)算法是一种新兴的进化计算技术。它于 1996 年由 Storn 和 Price[87]提出,是一种模拟生物进化的随机优化算法,通过反复迭代,使得那些适应环境的个体被保存下来。该优化算法保留了基于种群的全局搜索策略,采用实数编码、基于差分的简单变异操作和一对一的竞争生存策略,降低了遗传操作的复杂性。同时,DE算法特有的记忆能力使其可以动态跟踪当前的搜索情况,以调整其搜索策略,具有较强的全局收敛能力和较好的鲁棒性,且不需要借助问题的特征信息,适于求解一些利用常规数学规划方法所无法求解的复杂环境下的优化问题。目前,DE算法已经在许多领域得到了应用,譬如人工神经元网络和运筹学等,尤其是在电力系统优化问题中的应用。

Mandal等[88]成功地将DE算法运用到短期水火电系统经济优化调度中,同时考虑了发电机组的阀点效应和梯级水电站间的水流延迟,该算法通过和遗传算法类似的选择、交叉、变异操作对优化调度问题进行求解。经过两个系统的算例仿真,结果表明,相比于遗传算法,DE算法的计算速度更快且可以得到更低的燃料费用。Lu等[89]采用自适应动态参数调整策略(adaptive dynamic parameter adjusting strategy)来获取合适的参数值,为避免算法早熟并陷入局部最优解,使用了混沌局部搜索法(chaotic local search)。算例结果表明,相比于传统的DE算法,该改进算法拥有更好的收敛特性、更快的计算速度和更精确的计算结果。Lakshminarasimman等[90]考虑了机组禁止运行区约束和网损,为了便于处理约束条件,对原有的DE算法进行了修正和改进,提出了基于等式约束处理方法的改进混合差分方法,并将计算结果与动态规划法、遗传算法、进化规划法等做了比较,表明该改进算法在计算时间和计算结果上具有很大的优越性。

(7) 粒子群优化算法

粒子群优化(PSO)算法同样也是近年来发展起来的一种新的基于迭代的进化算法,它是在1995年由Kennedy和Eberhart首次提出的[91]。和遗传算法类似,系统先初始化一组随机解,通过迭代逐步寻找最优解,同样是根据适应度函数来评价解的性质。但是它没有复杂的交叉和变异操作,而是通过不停地更新粒子速度和位置,使粒子在解空间内追随最优的粒子进行搜索。可见,同遗传算法相比,PSO算法的优势在于原理简单、实现容易、没有许多参数需要调整且拥有更强的全局优化能力。目前它已广泛应用于函数优化、神经网络训练、模糊系统控制等应用领域。近几年,PSO算法引起了电力系统领域中学者的广泛关注,使研究越来越深入,并在电力系统的各个方向进行延伸[92],出现了大量的研究成果。

El-Gallad等[93]对PSO算法进行了改进,引入了"分群"和"灾变"思想,并成功地应用于短期水火电系统经济优化调度问题中。Mandal等[94]考虑了梯级水电站间的水流延迟,并将PSO算法的计算结果与进化规划法和模拟退火算法进行了比较。结果表明,利用PSO算法可以在更短的运算时间内获得更低的燃料费用。为加快收敛速度,Hota等[95]对原有的PSO算法进行改进,采用动态搜索空间挤压策略,即随着迭代的进行,在满足不等式约束的同时,逐步缩小搜索空间。通过对短期水火电系统经济优化调度问题进行仿真计算得到的结果表明改进算法优于动态规划法、非线性规划法和差分进化法等。Amjady等[96]提出改进的自适应PSO算法,即速度更新公式中的惯性系数和加速因子均是与迭代次数相关的自适应参数,并且加入非最优(non-best)粒子,以拓宽粒子的搜索空间。同时,她还通过多个算例验证了该方法在求解短期水火电系统经济优化调度问题的可行性和有效性。此外,PSO算法的描述方式也可以多种多样[97],可以根据全局搜索、局部搜索、制约因子,采用4种不同的方式进行描述,并对各种方式进行比较分析,结果表明采用局部搜索的PSO算法在求解短期水火电系统经济优化调度中具有较大的优势。

无论是采用常规算法还是智能优化算法,上述研究均取得了一定的成果,而且智能优化算法明显具有更多的优势。但是上述研究只考虑了系统的经济效益,没有涉及环境效益。在环境问题越来越严重和减排任务越来越紧迫的今天,环境效益必须得到足够的重视。接下来将具体介绍既考虑经济效益又考虑环境效益的短期水火电系统环境经济优化调度的研究。

1.5.2　短期水火电系统环境经济优化调度

短期水火电系统环境经济优化调度(short-term optimal environmental economic hydrothermal scheduling,SOEEHS)问题的研究是随着近年来对环境污染的关注而备受关注的,并且逐渐发挥着越来越重要的作用。因此,该问题已成为国内外学者竞相研究的一个新的热点问题。SOEEHS问题同时考虑了水火电系统的经济效益和环境效益,即同时优化整个系统内总燃料费用函数和总污染气体排放量函数。由于梯级水电站间存在复杂的时间耦合性和空间相关性,使得上下级水电站间的发电流量、水库容量和动态水量平衡间呈现出复杂的耦合关系,而且在进行短期优化调度时必须考虑上下游水电站之间的水流延迟。由此可见,SOEEHS问题是一个变量间具有时间耦合性和空间相关性的高维、非线性、非凸、非平滑、有时滞、有约束的多目标优化问题。同时,处理系统内发电流量限制约束、库容限制约束和动态水量平衡约束是一个非常艰巨且困难的问题,成为多年来科学研究者的一个难点问题。因此,需要研究有效可行的约束条件处理方法和搜索性能更好、鲁棒性更强的多目标优化算法。

常用于求解多目标优化问题的算法有:非占优排序遗传算法Ⅱ(non-dominated sorting genetic algorithm Ⅱ,NSGA-Ⅱ)[98-99]、加强帕累托进化算法(strength Pareto evolutionary algorithm,SPEA)[100]、多目标进化规划(multi-objective evolutionary programming,MOEP)法[101]、多目标差分进化(multi-objective differential evolution,MODE)算法[42,102]、多目标文化算法(multi-objective cultural algorithm,MOCA)[103-105]、多目标粒子群优化(MOPSO)算法[106-108]和混合模拟退火算法[109]等。NSGA-Ⅱ本质上依然是遗传算法,所以该算法仍容易受到遗传漂移(genetic drifting)的影响而早熟。Deb等[99]成功地将算法NSGA-Ⅱ运用于SOEEHS问题的优化求解,取得了满意的结果。但是,文中采用固定的水头,没有考虑梯级水电站之间的水力联系,所以对优化问题的描述过于简单。

　　SPEA 也是一种基于遗传思想的算法,算法同样容易早熟,而且计算耗时较长。基于交互式模糊满意度的进化算法已被成功运用到 SOEEHS 问题中[101],文中利用模糊集的思想构造目标函数,考虑了阀点效应的影响,通过在父代个体的基础上添加一个高斯扰动的方式来产生新个体,但是文中用于处理多目标问题的本质依然是惩罚系数法,不属于严格意义上的多目标规划,且没有给出具体的约束条件处理方法。

　　MODE 算法可以很好地处理简单的低维问题,收敛速度较快,然而,当面对含有多个局部极值点的复杂问题时,算法则容易陷入局部最优解。Mandal 等[42]采用差分进化算法考虑了经济优化调度、环境优化调度和环境经济优化调度。然而,文中没有提及动态水量平衡约束的处理方法,且库容限制约束的处理方法是基于对可行解的选择,显然该处理方法需要大量的计算,而且有时可能导致计算结果无解。为增加差分进化算法的多样性,Qin 等[102]对差分进化算法做了一定的改进,变异算子采用柯西分布而非高斯分布,取得了满意的效果。由此可见,变异算子对于差分进化算法的优化性能有着重要的影响。

　　文化算法(cultural algorithms,CA)[103]是一种新兴的优化算法,最早于 1994年由 Reynolds 提出,是一种模拟人类文化知识产生、提炼和传播过程的群体智能优化算法,研究表明该算法具有很好的全局搜索能力和局部搜索能力。因此,近年来该算法引起了部分国内外学者的关注,并在电力系统的优化计算中得到了一定的应用。其中,Lu 等[105]采用了混合多目标文化算法(hybrid multi-objective cultural algorithm,HMOCA),即结合了差分进化算法和文化算法,用于求解 SOEEHS 问题,并给出了处理始末库容限制约束和实时负荷平衡约束的启发式方法。这是一个将 MOCA 算法应用于多目标优化问题中的成功范例。

　　MOPSO 算法在电力系统中的应用比较广泛,尤其是近年来成为求解 SOEEHS 问题的较好算法之一。Mandal 和 Chakraborty[110]考虑了梯级水电站间的水力联系,模型构造为双目标优化函数,但是,文中仅是通过费用惩罚系数法将多目标优化函数转化为单目标优化函数进行求解。优化算法有一个共同特点是随着计算次数的增加和收敛的进行,容易过早陷入局部最优解[106],为避免上述情况的发生,研究者提出了可靠且有效的含时间变动加速系数的自组织分层粒子群优化算法,并且分别通过经济优化调度、环境优化调度和环境经济优化调度对算法进行了验证。结果表明,经过改进后的算法可以有效避免粒子在收敛过程中出现早熟的现象。Lu 和 Sun[107-108]首次将量子行为加入到粒子群优化算法中,形成改进的量子行为粒子群优化(improved quantum-behaved particle swarm optimization,IQPSO)算法,并成功运用到 SOEEHS 问题中,为增强粒子的全局搜索能力,在 IQPSO 中加入了差分变异操作,文中采用启发式方法处理等式约束,采用可行性选择技术处理库容限制约束,通过费用惩罚系数法将多目标优化函数转化为单目标优化函数以方便求解。

综上所述,短期水火电系统环境经济优化调度问题大多被构造成多目标函数,可采用多种改进的多目标优化算法进行求解。但是,由于该优化问题的搜索区域是非规则和非凸的,无疑增加了优化搜索的难度,尤其是极易导致算法过早地陷入局部最优解。而对于优化问题的约束,该算法考虑得尚不够全面,且往往没有给出明确的约束条件处理方法。因此,需要研究更有效的约束条件处理方法和更高效的多目标优化算法以快速准确地求解该多目标优化问题。

1.6 长期水火电系统优化调度综述

水火电系统的长期优化调度是一个极其重要且复杂的决策问题。随着国民经济建设的逐步推进、水资源问题的日益突出以及可持续发展战略思想的提出,对于水资源的合理规划与综合利用提出了更高的要求。因此,合理利用水能资源,实行水库长期优化调度,实现经济运行和科学管理,具有重要的理论意义和实际意义。水火电系统的长期优化调度关系到全年各个时期尤其是汛期和枯水期的水库运行情况,对于发电、防洪、抗旱等有着不可低估的影响力。它涉及水火电机组的发电量安排、下游的农田灌溉、城市供水和航运等各个方面,研究长期水火电系统优化调度方法对于合理利用水能资源、优化水库调度策略和整个电力系统的节能减排都有着非常重要的意义。同时它也是短期优化调度方案制定的基础。

长期水火电系统优化调度的基础是水库(群)的长期优化调度,而进行水库(群)长期优化调度的基础是对河川径流进行预测,预测模型与预测结果直接影响调度的结果。由于水库长期优化调度是面向未来很长一个时间段(一年或若干年),因此往往存在许多不确定性因素,例如径流的不确定性、大气环流及水文预报、地理位置和地形地貌等自然因素和人类生产活动等社会因素。所有这些因素都导致了长期优化调度决策的不确定性,也决定了其求解的复杂性和困难性。水库长期优化调度问题是一个比较古老的问题,最早可以追溯到哈桑德水库径流调度计算累积曲线法和莫罗佐夫关于调配调节概念的水库调度图[111]。在 20 世纪 50 年代以前,人们采用的基本都是常规调度图法和主观经验,随着水库蓄水概率模型以及动态规划原理的出现,特别是计算机技术的发展与应用,才使水库长期优化调度问题的研究有了进展。20 世纪 70 年代开始,研究的重点转移到水电站群的优化调度上,并利用理论上可行的马氏决策规划进行求解,但由于该问题存在太多的不确定性和地区差异性等客观因素,使其到目前为止依然没有一种公认的普遍有效的模型和算法。下面将详细介绍多年来国内外使用的河川径流预测模型、长期优化调度模型及算法。

1.6.1 河川径流预测模型

河川径流预测是水库长期优化调度的基础,其预测的准确性不仅是水电站防洪抗旱的重要依据,而且也将直接影响水电站在汛期、丰水期、平水期和枯水期的电量安排和发电效益。同时,预报结果的准确程度也成为水电站优化调度方式能否发挥作用的关键所在。因此,在进行水库长期优化调度之前,必须对河川径流进行准确可靠的分析预测,这也是年径流预测一直受到广泛关注的重要原因。

由于受到大气环流、天气和流域系统综合作用的影响,年径流时间序列是一个具有弱相依性、非平稳性、随机性和非线性的高度复杂动力系统[112]。常用于预测年径流序列的方法主要有以下几种类型。

(1) 成因分析法

成因分析法是基于大气环流、天气过程的演变过程和下垫面物理状况的一种成因动力模型,是径流预测研究中一个重要分支。但是,由于径流具有时间和空间上的复杂统计特性,给成因分析法的发展带来了巨大的困难,离实用尚有较大的差距[113]。

(2) 统计分析法

统计分析法是分析和揭示各种水文现象变化统计规律的一种有效手段。它主要包含了时间序列分析法、相似预测法和多元统计法,大多基于拟合实测年径流过程,已在实际应用中得到广泛应用,尤其是时间序列分析法。Yule[114]于1927年提出了自回归(auto-regressive, AR)模型,将径流过程的时间序列看作一个随机过程,以自相关函数的形式进行描述,得到了广泛的应用。自回归模型之所以受到青睐,源自它们具有时间相依的非常直观的形式,同时建立模型和具体应用都比较简单。

随后,汤家豪博士于1978年提出门限自回归(threshold auto-regressive, TAR)模型,该模型可以有效地描述具有极限点、极限环(准周期性)、跳跃性、相依性和谐波等复杂现象的非线性动态系统。其中,门限的控制作用保证了TAR模型的预测精度和适应性,已经成为当今工程界应用最广泛且技术较为成熟的非线性时序模型[113]。

(3) 马尔可夫决策模型

该模型认为径流序列具有马尔可夫性,即t时刻之后的径流与t时刻之前的径流均无关,进而按照马尔可夫过程建立模型,求解马尔可夫链的转移状态矩阵以得到径流预测值[115]。该模型在本质上是一种简单的自回归模型(AR模型),即当AR模型的阶数取为1时,便是马尔可夫过程的描述形式。

(4) 小波分析预测模型

实测的径流时间序列属于离散等间距序列,具有一切时间序列的共性,即长程相依性,这表明了径流时间序列具有一定的周期性。小波分析是一种应用滤波器对时间序列进行分析的新兴技术,与传统的傅里叶分析类似,也是基于水文、气象现象的周期性,采用正交、复正交变换等对径流时间序列进行分析和预测,只是它是一种窗口大小固定不变,而时域和频域不断变化的局部优化方法,具有良好的局部化性质[113]。通过小波分析研究出径流周期变化的规律,再进行周期外延就可以达到预测的目的。尽管小波分析在水文水资源中的研究和应用才刚刚起步,但已经展现出巨大的潜力。

(5) 灰色系统理论预测模型

灰色系统理论[116]是 1982 年由邓聚龙教授提出的,是一种研究少数据、贫信息不确定性问题的新方法,主要通过对部分已知信息的生成、开发,提取出有价值的信息,实现对系统运行行为、演化规律的正确描述和有效监控。灰色系统是按颜色来命名的,颜色深浅在控制理论中用于形容信息的多少。如,"黑"表示信息缺乏;"白"表示信息充足。而介于黑白之间,只有部分信息已知的系统即为灰色系统。

因为影响径流长期预测的不确定性十分明显、不确定性因素很多,而且各种因素的作用机理又难以严格区别,灰色系统则将各因素的总和看成灰色特性,通过挖掘系统信息,逐步将灰色特性淡化、量化、模型化,最后认识其变化规律,从而获取预测信息。可见,灰色系统理论可以运用到径流的长期预测中,也已有部分尝试,杨东方[112]建立了灰微分方程模型(GM 模型),探讨了灰色拓扑预测模型的应用。

(6) 混沌理论预测模型

混沌理论[117]是 1963 年由美国气象学家爱德华·诺顿·洛伦茨提出的,它是一种兼具质性思考与量化分析的方法,用以探讨动态系统中(如人口移动、化学反应、气象变化、社会行为等)无法采用单一数据关系,而必须采用整体、连续数据关系才能加以解释及预测的行为。河川径流的演变问题均是由气象、地理和人类活动等支配的,其运动特性既具有确定性,又具有随机性。所以,应用混沌理论将打破传统水文分析中单一的确定性分析或随机性分析,建立将二者统一起来的混沌分析法。温权[118]和权先璋[119]等均运用混沌理论对葛洲坝的日径流序列进行预测,前者通过计算 Lyapunov 指数及其关联维数来判断径流时间序列的混沌性,后者详细分析了基于混沌动力学的局部预测法,但是二者均是用于预测日径流序列,没有进行年径流序列的预测。

1.6.2　长期优化调度的模型

根据对径流的描述方式不同,可将长期水火电系统优化调度模型分为随机性调度模型和确定性调度模型。其中,随机性调度模型采用独立的随机序列或一阶马尔可夫链(Markov Chain)来描述径流,而确定性模型则认为水库入流的径流序列是确定的,如实测的径流序列或采用径流预测方法而人工生成的径流序列[120]。

马尔可夫决策模型[121-122]常被用于描述水库长期优化调度问题。Zhao 等[122]将约束条件松弛为一个"有限时间限制的马尔可夫决策过程",以火电系统燃料费用加上弃水成本减去供水利润最小为目标函数建立模型,并采用 rollout 算法进行求解,以黄河上游梯级水电站作为实例进行仿真计算,取得了较满意的效果。

多年来,水电站群的长期优化调度取得了丰硕的成果,围绕着调度期内发电量最大[123-125]、调峰效益最大[126]、水库蓄能利用最大[127-128]、水电长期可吸纳电量最大[129]、水电系统发电效益最大[130-132]、弃水量最小[133]等建立了大量的优化调度模型。王金文等[123]设计了一种直接搜索模式,它不要求目标函数可导且所需的计算存储量较小,用于求解仅有蓄水状态和出库流量约束的水电站长期优化调度问题,最后结合福建省水电系统的实际情况,认为调度期内径流过程是确定的,给出了一个以发电量最大为目标函数的实际算例。郭壮志等[127]采用"强迫弃水"和"有益弃水"相结合的策略,建立蕴含末级水电站弃水电量最小、水电站间分配时的发电量增益最大和水电站总发电量最大的梯级水电站水库蓄能利用最大化长期优化调度模型,使得发电效益得到一定的提高。武新宇等[129]将电网对水电的吸纳能力和受送电量限制作为控制条件,以适应大规模水电站群优化调度的实际需要,对于解决大型跨省跨流域水电站群的长期优化调度问题具有很好的实际指导意义。陈毕胜等[131]综合水电站水库自身约束和系统调峰要求,并考虑整个系统的影响,建立了以系统发电效益最大为目标的优化调度模型。王敬[133]从充分利用水资源的角度出发,针对综合利用水库的特点,建立了以弃水量最小为目标的长期优化调度模型,并采用了变步长增量动态规划方法进行求解,在求解寻优过程中,利用前期研究成果的优化调度线作为初始状态序列,经过逐次迭代,直到逼近最优决策序列和最优状态序列。但是,上述文献均没有考虑与火电系统出力的协调配合。

对于长期水火电系统优化调度问题而言,究竟是采用确定性模型还是随机性模型更有效一直没有定论。直到 2002 年,Martinez 和 Soares[134]比较分析了采用随机性模型的闭环反馈控制和采用确定性模型的开环反馈控制。他们在确定性模型中的径流采用预先预测好的数值,经过实例仿真并对结果进行详细分析后指出,随机性模型计算量极大,难以应用到大系统中,而确定性模型可以获得和随机性模型相近的计算结果,而且在干旱季节时可以得到比随机性模型更好的结果。可见,采用确定性模型是可行的且有效的。随后,Zambelli 等[135]也针对长期水火电系统优化调度问题,分别比较了两种确定性模型和两种随机性模型。在确定性模型中,一种采用径流多年平均值来表示径流值,另一种基于径流历史值的非线性规划模型的平均值来获取径流值;而对于随机性模型,一种认为径流值服从一定的独立概率分布,另一种采用一阶自回归模型来表示径流。经过多个实例计算明确指出,在长期水火电系统优化调度中,确定性模型比随机性模型更有效。

1.6.3　长期优化调度的算法

最早把优化概念引入水库调度的是 Little 等[136],他们假定水库入流为马尔可夫过程,并开创性地建立了基于随机动态规划的水库优化调度模型,使用离散动态规划方法对美国的 GrnadCooely 水电站进行优化调度,取得了明显的效益。随机方法虽在理论上已较为成熟,但是难度在于对河川径流的描述。Moran[137]首次采用相互独立的随机变量序列描述径流,并把马尔可夫链用于水库的蓄放水问题,得到水库蓄水概率稳态模型。随后,Bellman 等[138]把河川径流的随机过程看成是以年为周期的平稳马尔可夫过程,并给出了水库调度模型的基本方程式。张勇传[139]研究了水库优化调度模型,采用随机动态规划得到最优解,并给出了考虑径流随机性的水库最优调度线(面)的方法,深入研究了各种水库最优调度线(面)的特性,并分别进行了单个水电站和梯级水电站的实例计算。Ferrero 等[140]根据动态规划与马尔可夫过程理论,建立了一个水库的长期优化调度模型,并应用于狮子滩水电站的优化调度中。随机动态规划在理论上比较完善,描述的河川径流与实际情况比较吻合,也能够充分利用历史资料,所以该方法在水库长期优化调度中得到广泛应用[141-142]。但是,对于多维随机动态规划问题,会遇到严重的维数灾难问题,目前为止,仍没有有效的解决方法。

傅巧萍等[143]采用神经元网络方法进行水电站长期优化调度,理论推导和实例分析都验证了该方法的可行性和有效性,并且与传统算法相比,改进 BP(back propagation)网络方法应用简便,不仅可以全面反映水库调度决策变量与影响因子之间的复杂非线性关系,而且可以反映出调度过程中水库群之间的关系。同年,胡铁松等[144]也研究了人工神经网络在水库群长期优化调度中的应用,结果表明神经网络方法能有效地克服动态规划法遇到的维数灾难障碍,具有显著的优点。

张勇传等[145]采用大系统分解协调法,对并联水电站的联合优化调度问题进行了研究。他们首先把多个水库联合优化问题分解成单个水库的优化问题,通过对单库最优决策进行协调,以求得总体最优。同样,李爱玲[146]也应用了大系统分解协调法对黄河上游梯级水电站的优化调度问题进行了研究分析,通过实例计算,得出了较好的调度结果。Yu 等[147]将分解协调法应用于长期水火电系统优化调度中,将其分解为独立的火电系统子问题和水电系统子问题,把径流多年平均值看作预测值,以火电系统费用最小和水电系统发电收益最大为目标函数建立模型,算例验证了该模型和算法的可行性和有效性。

Christoforidis 等[148]运用内点法求解长期/中期水库优化调度问题,并考虑了年负荷预测和年检修调度。Martins 等[149]建立了考虑网损的多地区长期水火电系统优化调度的非线性模型,并采用序列二次规划法进行求解,取得了良好的效益。Mantaway 等[150]提出一种改进的 Tabu 搜索法,根据自适应调整向量来生成可行解,该算法被成功运用到梯级水电站的长期优化调度问题中,取得了较好的结果。

此外,智能优化算法,如遗传算法[151-152]、模拟退火算法[153]和粒子群优化算法[154-156]被广泛应用于水库长期优化调度问题。王黎等[151]将遗传算法应用于四川省某大型水电站长期优化调度问题,以一年为周期,以一月为单位,从多个初始点出发进行寻优,沿多路径搜索实现全局或准全局最优,探讨了遗传算法在求解水电站长期优化调度问题中的可行性和有效性。随后,张建等[152]对遗传算法进行改进,提出双倍体遗传算法,并将其应用到龙溪河梯级水电站长期优化调度问题中,有效解决了简单遗传算法的不足,得到令人满意的优化调度结果。Mantawy等[153]采用模拟退火算法求解水库长期优化调度问题。吴刚[154]、冯雁敏等[155]运用单纯的粒子群优化算法对水库进行长期/中期优化调度。而黄炜斌等[156]结合了粒子群优化算法和混沌算法,既利用了粒子群优化算法的快速收敛性,又利用了混沌算法的运动遍历性和随机性,可以更有效地求解水库中长期优化调度问题。

需要指出的是,在运用上述算法求解长期水库优化调度或长期水火电系统优化调度问题时,很少涉及约束条件的处理方法,有些算法不能用于处理大型系统,而有些算法则会过早地陷入局部最优解。诸如此类的问题表明,对于该优化问题的约束条件处理尚不成熟和完善,优化算法依然有较大的改进空间,因此需要研究长期水火电系统优化调度问题中更有效的复杂约束处理方法,以及搜索能力和鲁棒性更强、收敛特性更好的优化算法。

1.7　含新能源及电转气的短期电-气综合能源系统优化调度综述

含电转气设备(P2G)的电-气综合能源系统涉及两种不同能源系统的互联与耦合,通过 P2G 和燃气轮机来实现能量的互换,在利用 P2G 将电能转换为氢气或甲烷时,P2G 既是电网负荷,又是天然气网络的气源;在利用燃气轮机将天然气转换为电能时,燃气轮机既是天然气网络的负荷,又是电网的电源。不难看出,P2G参数、燃气轮机参数、电网参数、天然气网络参数都是相互影响、相互作用的,进而又会影响到风电消纳量、电网运行总成本、天然气网络运行总成本,二氧化碳(CO_2)的排放量、硫氧化物(SO_x)等污染气体的排放量,还会进一步影响到电网供电可靠性、天然气网络供气可靠性和系统稳定性等。P2G 会给电-气综合能源系统带来诸如增加新能源消纳量、缩减运行成本、减少燃料费用、降低污染气体排放等环境经济效益,那么,如何针对电-气综合能源系统,进行协调优化运行以提高新能源消纳率以及实现系统环境经济效益最大化是研究含 P2G 的电-气综合能源系统的关键问题之一,为新能源的消纳提供了新途径,为 P2G 在电-气综合能源系统中的合理高效应用奠定重要的理论基础。

起初,针对电转气(P2G)的研究主要集中在技术实现和安全应用等方面[157-158]。P2G 又分为电转氢气(P2H)和电转甲烷(P2M),二者在转化效率方面有一定的差异,一般而言,P2H 的效率可达 73%,而 P2M 的效率约为 64%[159]。其中,天然气网络对于氢气的输入有着严格的比例限制,而且不同地区和不同天然气网络也会有较大的差别。

国内外学者针对电-气综合能源系统的最优潮流[160-161]、机组组合[162]、优化调度[163-165]和稳态分析[166]等方面也进行了相关的研究。其中,对于最优潮流的计算,多以电-气综合能源系统的运行成本为优化目标,采用蒙特卡罗模拟法[160]、点估计法[161]等进行求解,部分学者还引入能源集线器来处理电-气不同能源形式之间的转换[160,163];对于系统优化运行策略的研究,多采用确定性优化方法或随机优化方法,并将电网和天然气网络分开进行优化[164];而对于电-气综合能源系统的稳态分析,则主要是在借鉴电力系统稳态分析的基础上,通过电网和天然气网络的类比分析,实现天然气系统的建模,进而给出电-气综合能源系统稳态分析综合求解模型[166]。上述研究仅考虑了燃气轮机,没有考虑P2G的参与,而P2G作为电-气综合能源系统耦合优化运行的重要纽带,在电力系统中具有广阔的发展前景和发展潜力,对于风电、光伏等新能源的消纳起着关键作用。因此,对含新能源和P2G的电-气综合能源系统的协调优化运行这一关键基础问题展开相关的研究是十分必要的。

近两年,对含P2G的电-气综合能源系统协调优化运行的研究,虽然取得了一定的成果,但是目前看来仍处于探索阶段,主要体现在以下几点:

(1) 电转气方面:电转氢气(P2H)在能量转换效率上相比于电转甲烷(P2M)有着明显的优势,而电转甲烷(P2M)向天然气网络输入的甲烷不受比例限制,因此既要充分利用电转氢气(P2H)的高效率,又要利用电转甲烷(P2M)无输入比例限制的优势。目前,多数的研究只考虑了电转甲烷(P2M),极少数的研究同时涉及电转甲烷(P2M)和电转氢气(P2H),并且对于电转氢气(P2H)生成的氢气注入天然气网络后的气体高热值,没有给出详细的分析及相应的计算方法。天然气中混入氢气之后,会改变原有的气体高热值,该变化直接影响天然气各流量参数、压力参数、管存参数和电网中的发电出力参数、碳排放量等,所以非常有必要研究分析天然气中混合了一定比例氢气后的气体高热值。

(2) 优化目标方面:优化目标的选择是研究电-气综合能源系统协调优化运行的首要问题,也是直接影响模型求解难度的关键问题,目前采用的优化目标较为单一,多采用总运行成本最低[159,167-169],少数研究还考虑了风电消纳量最大[170],或者购能成本最低[171],或者净负荷波动最小[172]。上述研究忽略了低碳和污染物控制等要求,而随着温室效应和环境污染的加剧,低碳和污染物控制已然成为能源系统运行的重要要求。从目前的研究来看,几乎没有同时兼顾系统可靠性、稳定性、经济性和环境性的多目标优化模型,因此,针对该问题的多目标优化模型的构建仍有待进一步研究。

(3) 电-气网络潮流交互计算方面:相关研究中多数采用较为简单的基于最优潮流的电-气网络两层独立优化计算[159,168-169],即分别针对电网和天然气网络,建立独立的基于最优潮流的优化模型,再通过电转气设备(P2G)将电网优化模型和天然气网络优化模型整合在一起进行求解,有关电网与气网之间潮流交互优化计算的研究还比较缺乏。

(4) 约束条件处理及算法求解方面:电-气综合能源系统有着复杂的约束限制,尤其是天然气网络中管道流量方程、节点流量动态平衡方程、节点压力约束、管道流量约束、管道的管存、储气罐流量约束、储气罐容量约束等,上述方程及参数约束都是相互关联、相互制约的,对于该部分等式方程及不等式约束的处理是求解电-气综合能源系统优化运行模型的关键和难点之一。从目前的研究来看,还没有给出系统而详细的处理方法。

此外,目前对于优化模型的算法求解多采用传统算法,如内点法、混合整数规划法等,而收敛速度快、全局寻优能力强、鲁棒性好的智能优化算法在该领域的应用还很少。

本书面向"碳中和",针对"含新能源及 P2G 的电-气综合能源系统"研究中存在的普遍问题,基于电力系统的节能减排这一基础问题,进行了深入研究,并取得了相应的成果,主要内容安排如下:

第 1 章　绪论。首先,简述了"双碳"背景以及该背景下兴起的新型电力系统;其次,简单介绍了综合能源系统的概念、组成等;最后,分别从短期火电系统优化调度、考虑烟气脱硫装置的短期优化调度、短期水火电系统优化调度、长期水火电系统优化调度以及含新能源和 P2G 的综合能源系统的优化调度这几个方面详细阐述了国内外的研究现状,并做了相应的分析。

第 2 章　随机黑洞粒子群优化算法。本章给出新的优化算法,即随机黑洞粒子群优化(random black-hole particle swarm optimization,RBHPSO)算法及改进的随机黑洞粒子群优化(improved random black-hole particle swarm optimization,IRBHPSO)算法,并将其扩展到多目标规划领域,形成多目标随机黑洞粒子群优化(multi-objective random black-hole particle swarm optimization,MORBHPSO)算法和改进的多目标随机黑洞粒子群优化(improved multi-objective random black-hole particle swarm optimization,IMORBHPSO)算法。同时,针对多目标最优化问题,提出一种用于获取帕累托前沿(POF)的带等式约束条件的帕累托(Pareto)占优条件,并且给出了一种处理帕累托最优解集的聚类技术。随后,详细描述并给出了 MORBHPSO 算法中全局极值和个体极值的获取方法、折中最优解的选取方法和增加算法多样性的方法。RBHPSO、IRBHPSO、MORBHPSO 以及 MOIRBHPSO 算法为后文具体优化调度问题的求解奠定了基础。

第 3 章　短期火电系统的优化调度。建立了兼顾经济效益和环境效益的短期火电系统环境经济多目标优化模型。对 IEEE 30 节点系统和 IEEE 118 节点系统进行了多个算例仿真,将计算结果与其他智能优化算法所得结果进行比较。此外,还给出了带等式约束的帕累托占优条件的算例验证。

第 4 章　考虑烟气脱硫装置的短期优化调度。分析了石灰石—石膏湿法烟气脱硫技术的化学机理,建立了含烟气脱硫装置的燃煤发电厂年利润计算模型,并给出了考虑烟气脱硫装置的短期优化调度模型。此外,提出一种适用于燃煤发电厂的脱硫奖惩机制,并进行了算例验证和详细的结果分析。

第 5 章　短期水火电系统的优化调度。分别建立了短期水火电系统环境经济优化调度问题的单目标优化模型和多目标优化模型。同时,针对短期调度中的水文特性,提出了处理库容限制约束和动态水量平衡约束的启发式方法,并采用IRBHPSO算法和MOIRBHPSO算法分别对建立的模型进行求解。最后通过2个水火电测试系统,对优化模型、梯级水电站复杂约束的处理方法和优化算法进行了算例验证及结果分析。

第6章　长期水火电系统的优化调度。介绍了年径流预测模型,在此基础上建立了长期水火电系统优化调度的两种确定性模型,考虑了下游的城市供水和农田灌溉需求。针对长期调度中水文的特性,给出了相应的约束条件处理方法。对含有2个年调节梯级水电站和10个火电机组的测试系统进行仿真计算,并对结果进行了比较分析。

第7章　含新能源及P2M的综合能源系统优化调度。通过电转甲烷设备(P2M)和燃气轮机把电力系统与天然气系统耦合在一起,针对该综合能源系统,面向新能源的消纳,以运行成本最低、污染排放最小、系统可靠性最高为目标建立含新能源及P2M的电-气综合能源系统的协调优化运行机制,并给出天然气网络约束处理方法。最后,通过IEEE39节点电力系统和20节点比利时天然气系统进行了仿真验证,并对结果进行了相应的分析。

第8章　含新能源及P2H/P2M的综合能源系统优化调度。同时考虑P2H和P2M两种电转气设备,通过详细分析P2H生成的氢气注入天然气网络而带来的气体高热值的变化,给出了不同的氢气注入限制下,天然气网络中混合气体高热值的具体计算方法;建立了含新能源及P2H/P2M的电-气综合能源系统经济优化运行模型;给出处理氢气注入比例越限的方法;最后,同样通过IEEE39节点电力系统-20节点比利时天然气系统进行了仿真验证,并对比分析了P2H和P2M对综合能源系统的影响。

第9章　含新能源及P2G的综合能源系统的灵活性评价。针对含有高比例新能源及P2G的电-气-热综合能源系统,构建了基于管存和储气量的灵活性评价模型,除了考虑电负荷、气负荷,还考虑了系统中的热负荷。最后,通过仿真算例分析了P2G对综合能源系统灵活性的影响。

第2章

随机黑洞粒子群优化算法

2.1 引言

　　优化问题是工程设计中经常遇到的问题,许多问题最后都可以归结为优化问题。优化问题有两个主要问题:①准确地寻找全局最优点;②较快的收敛速度。为了解决各种各样的优化问题,人们提出了许多优化算法。其中,粒子群优化(PSO)算法是近年来发展起来的一种新的进化算法,在 1995 年由 Eberhart 博士和 kennedy 博士源于对鸟群捕食行为的研究而提出[91]。它同遗传算法类似,是一种基于迭代的优化算法。系统初始化为一组随机解,在可行区域内通过迭代搜寻最优解,然而,它没有遗传算法的交叉以及变异操作,而是粒子在解空间追随个体极值粒子和全局极值粒子进行迭代搜索。该算法以其算法简单、精度高、收敛快等优点引起了学术界的高度重视,并且在解决实际问题中展示了其优越性。但是,常规的粒子群优化算法具有前期容易早熟和后期收敛性能不佳的缺点。

　　本章结合黑洞理论和粒子群优化算法形成了随机黑洞粒子群优化(RBHPSO)算法和改进随机黑洞粒子群优化(IRBHPSO)算法,不仅保留了粒子群优化算法的优越性,还根据粒子以一定的概率进入黑洞并以一定概率离开黑洞的特性,有效避免了算法陷入局部最优解,给予粒子另一个搜索方向,收敛速度快且更利于最优解的搜寻。此外,还将 RBHPSO 算法和 IRBHPSO 算法扩展到多目标规划领域,形成多目标随机黑洞粒子群优化(MORBHPSO)算法和多目标改进随机黑洞粒子群优化(IMORBHPSO)算法,使其适用于多目标优化问题的求解。为得到更接近于最优解集的帕累托最优前沿(POF),本章还提出了带等式约束的帕累托占优条件,使帕累托解集中的解尽量满足等式约束,以更快的速度在可行域内搜索最优解。

本章内容是本书求解优化调度问题的基础。

2.2　单目标随机黑洞粒子群优化算法

2.2.1　粒子群优化算法

　　和大多数智能优化算法一样,PSO 算法也是起源于对简单社会系统的模拟,最初用于模拟鸟群觅食的过程,即在 PSO 算法中,每个优化问题的解都是搜索空间中的一只鸟,称为"粒子",所有的粒子都有一个由被优化函数决定的适应值(fitness value),每个粒子还有一个速度决定它们飞翔的方向和距离,然后所有的粒子追随当前的最优粒子在解空间内进行搜索。

　　后来,PSO 算法演化成一种很好的优化工具。首先,初始化一群随机粒子,在每次迭代中,粒子通过跟踪两个"极值"来更新自己的速度和位置。第一个极值就是粒子本身所找到的最优解,称为"个体极值"(personal best,Pbest),另一个极值是整个种群目前找到的最优解,称为"全局极值"(global best,Gbest)。可见,PSO 算法是一种基于迭代的优化算法,该算法易于实现且只有较少参数需要调整,目前已广泛应用于优化问题研究、模糊系统控制以及其他相关领域。PSO 算法公式如下:

$$v_{i,d}^{k+1} = \omega v_{i,d}^{k} + c_1 r_1 (x_{p,i,d}^{k} - x_{i,d}^{k}) + c_2 r_2 (x_{g,i,d}^{k} - x_{i,d}^{k}) \tag{2-1}$$

$$x_{i,d}^{k+1} = x_{i,d}^{k} + v_{i,d}^{k+1} \tag{2-2}$$

式中,$v_{i,d}^{k+1}$ 为第 $k+1$ 次迭代时粒子 i 的第 d 个变量的搜索速度;ω 为惯性系数,用于平衡局部搜索能力和全局搜索能力;$v_{i,d}^{k}$ 为第 k 次迭代时粒子 i 的第 d 个变量的搜索速度;c_1,c_2 为学习因子;r_1,r_2 为 $[0,1]$ 上服从均匀分布的随机数;$x_{p,i,d}^{k}$ 为第 k 次迭代粒子 i 的第 d 个变量位置的个体极值;$x_{i,d}^{k}$ 为第 k 次迭代粒子 i 的第 d 个变量位置的当前值;$x_{g,i,d}^{k}$ 为第 k 次迭代粒子 i 的第 d 个变量位置的全局极值;$x_{i,d}^{k+1}$ 为第 $k+1$ 次迭代粒子 i 的第 d 个变量位置的当前值。

2.2.2　粒子群优化算法的参数设置

　　算法参数的设置对于优化结果有着重要的影响,PSO 算法的主要参数设置如下:

　　(1) 粒子数

　　对于大部分的问题而言,几十个粒子已经可以取得好的优化结果。不过,对于比较复杂且困难的问题,粒子数可以根据问题的复杂程度设置为几百个甚至上千个。

　　(2) 粒子的长度

　　粒子的长度由优化问题本身决定,取决于待优化问题的变量数。

（3）惯性系数

惯性系数 ω 直接影响到粒子的全局搜索能力和局部搜索能力的平衡,较大的惯性系数给予粒子较大的当前速度,使其能在更大的空间内进行搜索;而较小的惯性系数使粒子在当前区域做进一步的搜索。可见,为更利于最优解的搜寻,应该在初始搜索阶段,使粒子拥有较大的惯性系数,扩大寻优空间,而在末期搜索阶段,使粒子做局部搜索,加快收敛进程。依据上述观点,惯性系数 ω 的设定如下[53]:

$$\omega = \omega_{\max} - (\omega_{\max} - \omega_{\min}) N_{\text{iter}} / N_{\text{iter}}^{\max} \tag{2-3}$$

式中,$\omega_{\max}$ 为最大惯性系数,一般取为 0.9;$\omega_{\min}$ 为最小惯性系数,一般取为 0.4;N_{iter} 为当前迭代次数;$N_{\text{iter}}^{\max}$ 为最大迭代次数。

（4）学习因子

学习因子 c_1,c_2 代表着每个粒子朝向 Pbest 和 Gbest 的随机加速倾向,一般情况下,$c_1 = c_2 = 1$。

（5）粒子的速度

粒子的速度大小决定了粒子在空间内的搜索范围,但是过大的粒子速度会使粒子严重偏离搜索方向。因此,在通常情况下粒子不能超过最大速度限值,该最大速度限值应根据具体情况而定。

（6）终止条件

和大多数优化算法一样,PSO 算法的终止条件可以是最大迭代次数,也可以是最小误差要求。

2.2.3　黑洞理论

1975 年,英国著名物理学家史蒂芬·霍金提出著名的"黑洞理论",即一颗内部燃烧尽的大质量恒星由于自身的引力作用,外壳不断向中心坍塌缩小,最后形成密度几乎是无穷大的黑洞。黑洞是宇宙中的实体微粒,虽然体积趋向于零,但具有强大的引力,物体只要靠近这个微粒,就会被强大的引力吸入,连光也不能幸免。

然而,在 2004 年 7 月 21 日霍金推翻了他 1975 年赖以成名的"黑洞理论"[173]。他承认黑洞并非可怕的物质终结者,由崩溃的星球形成的黑洞其实不会吞噬和消灭一切物质和能量,而是会保留被吞噬物质和能量的痕迹,经过一段时期后,以残破的形式释放出来。

基于史蒂芬·霍金的这一最新黑洞理论,我们可以做如下设定:设定靠近黑洞的物质为粒子,该粒子被吸入黑洞后还会以一定的概率逃逸,也可以认为是粒子以一定的概率进入黑洞。上述的设定便是本章所提随机黑洞粒子群优化算法的思路来源。它是结合了传统的粒子群优化算法和最新黑洞理论而形成的。该算法的具体描述见 2.2.4 节内容。

2.2.4 随机黑洞粒子群优化算法

随机黑洞粒子群优化(RBHPSO)算法可以用于求解单目标优化问题,还可以扩展为多目标随机黑洞粒子群优化算法,用于求解多目标优化问题。单目标随机黑洞粒子群优化算法最初由 Zhang 等[174]提出,目的是当粒子群优化算法陷入局部最优解时能使算法跳出当前极值解,选取全局最优粒子为中心的圆形区域为黑洞,为粒子增加了新的搜索区域。他们对 15 个基准测试函数(benchmark test functions)进行测试,结果表明与传统粒子群优化算法相比,单目标随机黑洞粒子群优化算法不仅有更好的全局搜索性能,而且具有较快的收敛特性。但是,他们没有将 RBHPSO 算法进行实际应用。RBHPSO 算法的具体实现见下式:

$$\begin{cases} v_{i,d}^{k+1} = \omega v_{i,d}^{k} + c_1 r_1 (x_{p,i,d}^{k} - x_{i,d}^{k}) + c_2 r_2 (x_{g,i,d}^{k} - x_{i,d}^{k}) \\ x_{i,d}^{k+1} = x_{i,d}^{k} + v_{i,d}^{k+1} \end{cases}, \quad l_{i,d}^{k} \geqslant p \quad (2\text{-}4)$$

$$\begin{cases} x_{i,d}^{k+1} = x_{g,i,d}^{k} + D_{i,d}^{k} \\ D_{i,d}^{k} = 2R(r_3 - 0.5) \end{cases}, \quad l_{i,d}^{k} < p \quad (2\text{-}5)$$

式中,$l_{i,d}^{k}$ 为第 k 次迭代粒子 i 的第 d 个变量相应的概率值,为[0,1]上服从均匀分布的随机数;p 为粒子进入黑洞的概率阈值,为[0,1]上的常数;$D_{i,d}^{k}$ 为[$-R,R$]上服从均匀分布的随机数;R 为黑洞半径,为常数;r_3 为[0,1]上服从均匀分布的随机数。

需要指出的是,概率阈值 p 和黑洞半径 R 的选取跟函数自身特性有关,可经过多次仿真计算获得合适的 p 和 R,算法示意图如图 2-1 所示。

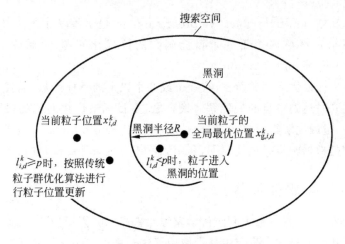

图 2-1 随机黑洞粒子群优化算法的示意图

2.2.5 改进随机黑洞粒子群优化算法

在 Zhang 等[174] 的研究中，黑洞半径被认为是一个给定的常数，需要经过大量的仿真计算来确定，耗时严重。本节对上述 RBHPSO 算法进行了改进，提出了改进随机黑洞粒子群优化(IRBHPSO)算法。在 IRBHPSO 算法中，黑洞半径与粒子当前位置和全局最优位置有关，并在每一次迭代计算中进行更新，一方面避免了大量的计算工作，另一方面可以使得粒子以更快的速度朝着全局最优的方向收敛。改进后的公式如下：

$$\begin{cases} v_{i,d}^{k+1} = \omega v_{i,d}^k + c_1 r_1 (x_{p,i,d}^k - x_{i,d}^k) + c_2 r_2 (x_{g,i,d}^k - x_{i,d}^k) \\ x_{i,d}^{k+1} = x_{i,d}^k + v_{i,d}^{k+1} \end{cases}, \quad l_{i,d}^k \geqslant p \quad (2\text{-}6)$$

$$\begin{cases} x_{i,d}^{k+1} = x_{bh,i,d}^k \\ x_{bh,i,d}^k = x_{g,i,d}^k + D_{i,d}^k \\ D_{i,d}^k = 2R_{i,d}^k (r_3 - 0.5) \\ R_{i,d}^k = \rho \mid x_{g,i,d}^k - x_{i,d}^k \mid \end{cases}, \quad l_{i,d}^k < p \quad (2\text{-}7)$$

式中，$x_{bh,i,d}^k$ 为第 k 次迭代粒子 i 的第 d 个变量在黑洞中的位置；$D_{i,d}^k$ 为 $[-R_{i,d}^k, R_{i,d}^k]$ 上服从均匀分布的随机数；$R_{i,d}^k$ 为第 k 次迭代粒子 i 的第 d 个变量对应的黑洞半径；ρ 为比例系数值，为 $[0,1]$ 上的常数。

2.3 多目标最优化技术

多目标规划(multiple objective programming)是运筹学中的一个重要分支，用于研究在给定区域内多于一个目标函数的最优化问题，又称多目标最优化(multiple objective optimization)。

对于多目标最优化问题而言，有 2 个或 2 个以上的目标函数，而往往所有的目标函数不能同时达到各自的最优解。换言之，多目标最优化问题的最优解不是一个解，而是一组最优解集，称为帕累托最优解集(Pareto optimal set)或帕累托前沿(POF)。它是根据帕累托最优原则，利用帕累托占优条件而得到的。

2.3.1 帕累托最优

帕累托最优[175] 是以意大利经济学家维弗雷多·帕累托的名字命名的，他在关于经济效率和收入分配的研究中最早使用了这个概念。帕累托最优是博弈论中的重要概念，又称帕累托效率，在经济学、工程学和社会科学中有着广泛应用。帕累托最优是指资源分配的一种状态，在这种状态下，已经没有进行帕累托改进的余地(其中，帕累托改进是指在既定的资源配置状态下，在没有使任何一个人境况变坏的情况下,通过改变资源的配置,使得至少一个人的境况变好的行为。它是达到帕累托最优的路径和方法。),即在不使任何人境况变坏的情况下,而不可能再使某些人的处境变好。一般来说,达到帕累托最优时,会同时满足以下 3 个条件:

(1)交换最优:即使再交易,个人也不能从中得到更大的利益。

(2)生产最优:对任意两个生产不同产品的生产者,需要投入的两种生产要素的边际技术替代率是相同的,且两个生产者的产量同时达到最大化。

(3)产品混合最优:任意两种商品之间的边际替代率必须与任何生产者在这两种商品之间的边际产品转换率相同。

就工程上的多目标最优化问题而言,帕累托最优是指针对所有的目标函数,在不使任何一个目标函数值变差的情况下,也不可能再使某个目标函数值变好的一种状态,也就是说没有一个解可以比其他解更优,由这些解组成的解集便是帕累托最优解集。

2.3.2　帕累托占优条件

帕累托占优是指资源在社会成员之间配置方式的优劣评判。社会资源可以按照不同的方式在社会成员之间配置。经济学理论提供了一系列用来比较不同资源配置方式优劣的标准。其中得到广泛应用的一个标准就是"帕累托占优"(Pareto domination)。通俗来讲,就是对于现有的一种配置而言,如果存在另一种资源配置,使得社会中一部分人受益,而其他人的利益并不受损,在经济学中,我们就说第二种配置方式"帕累托占优"第一种配置方式。

对于最小化的多目标函数而言,假设有 N_{obj} 个目标函数,任意两个解 x_1 和 x_2 存在两种可能的关系:其中一个解优于另一个解,或者二者都不比对方优。一般可以采用帕累托占优条件来判断解之间的关系,并形成帕累托最优前沿(POF),式(2-8)和式(2-9)给出了传统的帕累托占优条件:

$$\forall i : f_i(x_1) \leqslant f_i(x_2) \tag{2-8}$$

$$\exists j : f_j(x_1) < f_j(x_2) \tag{2-9}$$

式中,f 为目标函数;i,j 分别为任意两个目标函数编号,$i,j \in \{1,2,\cdots,N_{obj}\}$。

式(2-8)和式(2-9)表明 x_1 帕累托占优 x_2,x_1 称为占优解,所有的占优解组成该多目标优化问题的帕累托最优前沿(POF)。以环境经济优化调度问题为例进行说明,$N_{obj}=2$,即燃料费用函数和污染气体排放量函数;$x = P_G = [P_{G1}, P_{G2}, \cdots, P_{G,N_G}]$,代表一个调度方案,即环境经济优化调度问题的一个解。根据式(2-8)和式(2-9)可以得到环境经济优化调度问题的帕累托最优解集,但是由于大多数优化问题都会含有多个约束条件,所以上述的帕累托占优条件所得到的帕累托最优解集中的解未必满足约束条件,也就是说解未必在可行域内。针对这种问题,下面介绍一种新的帕累托占优条件,将等式约束加入到帕累托占优条件中。

2.3.3 带等式约束的帕累托占优条件

为使帕累托最优解集中的解尽可能满足多目标优化问题中的等式约束 $g(\boldsymbol{x}) = 0$,下面给出带等式约束的帕累托占优条件,表达式如下:

$$\forall i: f_i(\boldsymbol{x}_1) \leqslant f_i(\boldsymbol{x}_2) \quad \text{且} \quad |g(\boldsymbol{x}_1)| \leqslant |g(\boldsymbol{x}_2)| \tag{2-10}$$

$$\exists j: f_j(\boldsymbol{x}_1) < f_j(\boldsymbol{x}_2) \quad \text{且} \quad |g(\boldsymbol{x}_1)| < |g(\boldsymbol{x}_2)| \tag{2-11}$$

针对环境经济优化调度问题的实时负荷平衡等式约束而言,$g(\boldsymbol{P}_G) = \sum P_{G,i} - P_D - P_{\text{loss}}$,为实时负荷平衡约束的违反量,在帕累托最优解集的形成过程中,通过带等式约束的帕累托占优条件,可以促使帕累托最优解集中的解尽量满足实时负荷平衡约束,即在可行区域内搜索最优调度方案。

2.3.4 聚类技术

一般而言,帕累托最优解集中解的个数很大,会严重影响运算速度,因此本节提出一种新的聚类(clustering)技术,在不改变解在解集中分布特性的前提下,按照一定的原则将多个解进行聚类,以减少解集中解的个数并加快收敛进程。具体的步骤如下:

(1) 将帕累托最优解集中的每个解视为一个聚类,设定解集中聚类的最大个数为 N_{num}。

(2) 若解集中的聚类个数大于 N_{num},继续,否则转至(4)。

(3) 计算各聚类之间的平均距离 d_c,把距离最小的两个聚类合并成一个聚类,转至(2)。其中,任意两个聚类 $I(c_I)$ 和聚类 $J(c_J)$ 的平均距离 d_c 的计算公式为

$$d_c = \sum_{i_1 \in c_I, i_2 \in c_J} d(i_1, i_2) / (n_1 n_2) \tag{2-12}$$

$$d(i, j) = \sqrt{\sum_{k=1}^{N_{\text{obj}}} \left(\frac{f_k^i - f_k^j}{f_k^u - f_k^l}\right)^2} \tag{2-13}$$

式中,$d(i_1, i_2)$ 为解 i_1 和解 i_2 的距离;n_1, n_2 分别为聚类 I 和聚类 J 中解的个数;f_k^i, f_k^j 分别为解 i 和解 j 的第 k 个目标函数;f_k^u, f_k^l 分别为第 k 个目标函数的上界与下界。

(4) 针对每个聚类,寻找一个半径最小且能包含其中所有解的圆,保留距离圆心最近的解,删除该聚类中的其余解。

(5) 更新帕累托最优解集。

2.4 多目标随机黑洞粒子群优化算法

2.4.1 多目标随机黑洞粒子群优化算法简介

多目标随机黑洞粒子群优化(MORBHPSO)算法将单目标随机黑洞粒子群优

化算法扩展到多目标规划领域,用于求解多目标最优化问题。对于多目标最优化问题而言,由于最优解不是一个固定解,而是一组最优解集,即帕累托最优解集,因此相比于单目标随机黑洞粒子群优化算法,在采用多目标随机黑洞粒子群优化算法进行求解时,处理方式有诸多不同,比如全局极值(Gbest)的选取、个体极值(Pbest)的选取、折中最优解的选取等。下面就 Gbest 与 Pbest 的选取方法、折中最优解的选取方法和增加算法多样性的方法三个方面进行详细介绍。

2.4.2 Gbest 与 Pbest 的选取方法

根据 2.3 节中介绍的帕累托占优条件,在每次迭代过程中,获取所有的全局极值解和所有的个体极值解,并分别形成全局极值帕累托最优解集和个体极值帕累托最优解集。截止到当前迭代次数,所有的全局极值帕累托最优解集中的解通过帕累托占优条件形成迭代帕累托最优解集,在每次迭代结束时对其进行更新。最后,在所得到的全局极值帕累托最优解集和个体极值帕累托最优解集中选取 Gbest 与 Pbest。下面介绍 3 种选取 Gbest 与 Pbest 的方法。

(1) 拥挤距离法(crowding distance method)

拥挤距离是指解的密集程度,其值为该解与邻域各解距离的绝对值的和。比如,x_j 位于 x_i 的邻域,则解 x_i 的拥挤距离 ρ_s 可以按照下式进行计算[47]:

$$\rho_s = \sum_{j \in i} \parallel x_i - x_j \parallel \tag{2-14}$$

拥挤距离大的解可以作为较优解进入下一轮的进化。按照此方法,在全局极值帕累托最优解集中获得 Gbest,在个体极值帕累托最优解集中获得 Pbest。为增加算法多样性,该方法一般用于初始迭代阶段。

(2) 最小距离法

计算全局极值帕累托最优解集中的解和个体极值帕累托最优解集中的解之间的距离,拥有最小距离的两个解分别作为全局极值 Gbest 和个体极值 Pbest[49],该方法的示意图如图 2-2 所示。

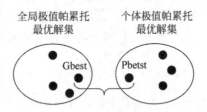

图 2-2 最小距离法的示意图

(3) 理想最优点法

下面以最小化多目标优化问题为例对该方法进行说明。首先,在迭代帕累托最优解集中,每个解对应于搜索空间上的一个点,由所有解对应的点组成点集 S_{CE};而由该解集中各个目标函数的最小值组成的点,称为该解集的理想最优点,即理想最优解,可见该解是个虚拟解。其次,寻找全局极值帕累托最优解集中距离该理想最优点最近的点,该点所对应的解作为全局极值。最后,在个体极值帕累托最优解集中选择距离该全局极值最近的解作为个体极值。该方法的示意图如图 2-3 所示。

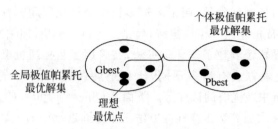

图 2-3　理想最优点法的示意图

2.4.3　折中最优解的选取方法

多目标最优化处理中的满意解即是帕累托最优解集中的折中最优解。根据决策者的不同需要,选择折中最优解的方法也有所不同。下面介绍 3 种选取折中最优解的方法。

（1）模糊集决策法（fuzzied-set decision method）

本方法是用于选取折中最优解最常见的一类方法,下面以最小化多目标优化问题为例对该方法进行说明。假设有 N_{obj} 个目标函数,帕累托最优前沿中含有 M 个非占优解（non-dominated solutions）,则目标函数 i 的每个非占优解的隶属度函数（membership function）为

$$\tau_i^k = \begin{cases} 1, & f_i^k \leqslant f_{i,min} \\ \dfrac{f_{i,max} - f_i^k}{f_{i,max} - f_{i,min}}, & f_{i,min} < f_i^k < f_{i,max} \\ 0, & f_i^k \geqslant f_{i,max} \end{cases} \tag{2-15}$$

式中,i 为目标函数编号,$i = 1, 2, \cdots, N_{obj}$;$k$ 为非占优解编号,$k = 1, 2, \cdots, M$;$f_{i,max}$ 为第 i 个目标函数的最大值;$f_{i,min}$ 为第 i 个目标函数的最小值。

对所有目标函数的隶属度函数进行归一化,可得

$$\tau^k = \sum_{i=1}^{N_{obj}} \tau_i^k \bigg/ \sum_{k=1}^{M} \sum_{i=1}^{N_{obj}} \tau_i^k \tag{2-16}$$

式中,τ_i^k 为第 k 个非占优解的第 i 个目标函数的隶属度函数;τ^k 为归一化后的第 k 个非占优解的隶属度函数。则最大的 τ^k 所对应的解即为折中最优解。

（2）优先指标法

优先指标法主要根据系统中不确定因素而导致的某个指标的好与坏对解进行判定。所谓的不确定因素包括负荷的变动、机组被迫停运等。用于评价的指标大多包含考虑安全性的传输线越界量和考虑环境因素的污染物排放量等。该方法的判定量不唯一,而且较为烦琐,所以很少使用。

（3）距离评价指标法

在距离评价指标法中,首先获得理想最优解,即由迭代帕累托最优解集中各个

目标函数的最小值组成的点,称为该解集的理想最优点,即理想最优解;然后在帕累托最优前沿中,将距离理想最优解最近的解作为折中最优解。可见,该方法比较简便、直观,操作容易(将在 3.3.4 节中进行详细介绍)。

2.4.4　增加算法多样性的方法

为避免算法早熟,需要增加迭代过程中帕累托最优解集的多样性,主要有以下几种常见的方法。

(1) 局部扰动法

按照一定的概率值,对全局极值(Gbest)和个体极值(Pbest)进行扰动,避免其陷入局部最优点,具体公式如下:

$$x'_b = N(x_b, \sigma^2) \tag{2-17}$$

$$\sigma^2 = \begin{cases} \sigma^2_{max}, & N_{num} < N_s \\ \sigma^2_{min}, & 其他 \end{cases} \tag{2-18}$$

式中,x_b 为扰动前的变量,指 Gbest 或 Pbest;x'_b 为扰动后的变量;$N(\cdot)$ 为正态分布;σ^2 为方差;σ^2_{max} 为最大方差;σ^2_{min} 为最小方差;N_{num} 为当前迭代次数;N_s 为指定的迭代次数。

可见,在开始阶段,采用较大的方差,使其进行全局寻优,扩大搜索空间;随着迭代的进行,采用较小的方差,进行局部寻优,加速收敛进程。

(2) 变异法

在每一次迭代中,对每个粒子的各个变量以一定的概率进行变异操作,具体公式如下:

$$x_i^{k'} = x_i^k + N(0, \sigma_i^2) \tag{2-19}$$

$$\sigma_i = \beta \frac{f_i}{f_{i,max}} (x_{i,max}^k - x_{i,min}^k) \tag{2-20}$$

式中,x_i^k 为变异前粒子 i 的第 k 个变量;$x_i^{k'}$ 为变异后粒子 i 的第 k 个变量;β 为变异因子;f_i 为粒子 i 对应的函数值;$f_{i,max}$ 为粒子 i 对应的函数值上界;$x_{i,max}^k$ 为粒子 i 的第 k 个变量的上界;$x_{i,min}^k$ 为粒子 i 的第 k 个变量的下界。

(3) 适应度共享法(fitness sharing method)

适应度共享法的思想是根据解在邻域内的密集情况,来判定此解是否进入下次迭代中。简言之,在邻域内越密集的解进入下次迭代的可能性越小,而在邻域内越稀疏的解进入下次迭代的可能性越大。这样可以很好地避免算法陷入局部最优解,以增加算法多样性。

适应度共享法需要指定解的邻域半径,所有与该解的距离不大于该邻域半径的即认为在该解的邻域内。具体公式如下:

$$S(x_i^k) = f(x_i^k)/N_c \tag{2-21}$$

$$N_c = \sum_{j \in i} \mathrm{sh}_{i,j}(x_i^k, x_j^k) \tag{2-22}$$

$$\mathrm{sh}_{i,j}(x_i, x_j) = \begin{cases} 1 - \left[d_{i,j}(x_i^k, x_j^k)/\sigma_{sh} \right]^{\alpha_{sh}}, & d_{i,j}(x_i^k, x_j^k) < \sigma_{sh} \\ 0, & \text{其他} \end{cases} \tag{2-23}$$

式中，$S(x_i^k)$ 为适应度共享函数；$f(x_i^k)$ 为共享前的函数值；$d_{i,j}$ 为变量 x_i^k 和变量 x_j^k 之间的距离，其中 x_j^k 在 x_i^k 的邻域内；σ_{sh} 为邻域半径；α_{sh} 为指数系数，一般取值为 2。

可见，当适应度共享函数越小时，表明在邻域内的解越密集，则该解不易进入下次迭代；相反，当适应度共享函数越大时，表明在邻域内的解越稀疏，则该解容易进入下次迭代。

(4) 拥挤距离法

与 2.4.2 节中的拥挤距离法一样，只不过用途不同而已。在迭代求解过程中，拥挤距离大的解可以作为较优解进入下一次的迭代，同样采用式(2-14)计算拥挤距离。

2.5 小结

优化算法是求解工程优化问题的根本所在。本章结合黑洞理论和传统的粒子群优化算法，给出了随机黑洞粒子群优化(RBHPSO)算法和改进随机黑洞粒子群优化(IRBHPSO)算法，选取全局最优粒子为中心的圆形区域为黑洞，粒子的黑洞半径与该粒子和全局最优粒子的距离成一定比例关系，视黑洞为近似真解所在区域，粒子有一定的概率进入黑洞，进入后也有一定的概率逃逸，为粒子增加了另一个新的搜索方向。与传统粒子群优化算法相比，该算法具有更强的搜索能力、更好的优化特性和更快的收敛特性。

为更好地解决多目标规划问题，尤其是含等式约束条件的多目标规划问题，在传统的帕累托占优条件的基础上提出了带等式约束的帕累托占优条件，可以使算法以较快的速度并尽可能地在可行域内进行最优解的搜寻。

将上述随机黑洞粒子群优化算法/改进随机黑洞粒子群优化算法扩展到多目标规划领域，提出多目标随机黑洞粒子群优化算法/多目标改进随机黑洞粒子群优化算法，随后，从以下几个方面重点给出了有关多目标优化算法的相关处理方法。具体内容如下：

(1) 全局极值与个体极值的选取方法——拥挤距离法、最小距离法、理想最优点法。

(2) 折中最优解的选取方法——模糊集决策法、优先指标法、距离评价指标法。

(3) 增加算法多样性的方法——局部扰动法、变异、适应度共享法、拥挤距离法。

其中，理想最优点法、距离评价指标法是由本书提出的。

第3章

短期火电系统的优化调度

3.1 引言

电力系统本身庞大复杂,对国民经济的发展具有重要的影响。而且在电力系统中,发电、输电、配电和用电是瞬时同步完成的,电力系统优化调度对于实现系统安全、可靠及优质的经济运行具有重大意义,所以该优化调度问题一直是电力工作者所关注的课题。早在20世纪20年代,优化原理已被应用到电力系统中,并逐步发展成熟,提出了很多种优化调度的方法。世界各国的研究者对发电厂的经济负荷分配、系统的安全经济调度和最优潮流等问题都做了深入的研究,并逐步将各种优化调度方法应用到实际系统中。

短期优化调度在电网实际调度中占据着重要地位,用于指导电力系统日常实际运行。传统的短期火电系统经济优化调度问题通常以系统的总成本最小为优化目标,只涉及系统的经济效益,是一个非线性的有约束单目标优化问题。用于求解该问题的传统算法主要有:线性规划法[8-11]、二次规划法[12-13]、非线性规划法[14]、动态规划法[15-17]、拉格朗日松弛法[18-19]等。近年来用于求解该问题的智能优化算法有:遗传算法[20-23]、模拟退火算法[24-25]、粒子群优化算法[26-28]、差分进化算法[29-32]等,但是,上述研究成果只考虑了火电系统的经济效益。

近年来,环境污染问题越来越受到全人类社会的关注。加强节能减排工作、减少污染排放已成为新形势下对于发电企业的要求。于是,对于环境经济优化调度问题的研究也就应运而生,且备受国内外学者的重视并成为一个新的研究热点。

本章建立了兼顾火电系统的经济效益和环境效益的短期火电系统环境经济优化调度(SOEETD)模型,以总燃料成本最小和总污染气体排放量最小为目标函数,考虑了火电机组阀点效应的影响,并计及了网损、出力限制约束和传输线最大容量限制约束。对于该多目标优化调度问题,利用带等式约束的帕累托占优条件来获取帕累托最优前沿(POF)[176],并根据"距离评价指标法"从 POF 中选择折中最优解,同时采用一种针对多目标优化问题的变异方法以增加解的多样性,很好地避免了算法早熟问题。

最后,分别对 IEEE 30 节点测试系统和 IEEE 118 节点测试系统进行了经济优化调度、环境优化调度、环境经济优化调度的仿真计算,分别采用单目标随机黑洞粒子群优化算法、多目标随机黑洞粒子群优化(MORBHPSO)算法和改进的多目标随机黑洞粒子群优化(IMORBHPSO)算法进行求解,比较了传统帕累托占优条件和带等式约束的帕累托占优条件在求解多目标优化问题中的优劣,并将计算得到的总燃料成本、总污染气体排放量与其他一些常用的智能优化算法所得结果进行比较。结果表明,本书所提算法有效可行,缩减了迭代次数,所得的优化调度方案能够进一步降低燃料费用和减少污染气体排放量。

3.2　短期火电系统环境经济优化调度模型

短期火电系统环境经济优化调度(SOEETD)问题是一个非线性的多目标优化问题,指在一定的调度时间内和给定的负荷水平下,在满足系统各种物理条件和安全运行条件的同时,对燃料费用和污染气体排放量同时进行优化的调度方案。

3.2.1　目标函数

1. 燃料费用最小

(1) 不含"阀点效应"的燃料费用最小

其表达式如下:

$$\min F_1(P_{G,i}) = \sum_{i=1}^{N_G} (a_i + b_i P_{G,i} + c_i P_{G,i}^2) \tag{3-1}$$

式中,F_1 为燃料费用函数;$P_{G,i}$ 为机组 i 的有功出力;N_G 为系统内发电机组的个数;a_i, b_i, c_i 分别为机组 i 的燃料费用系数。

(2) 含"阀点效应"的燃料费用最小

其表达式如下:

$$\min F_1(P_{G,i}) = \sum_{i=1}^{N_G} \{a_i + b_i P_{G,i} + c_i P_{G,i}^2 + d_i \mid \sin[e_i(P_{G,i} - P_{G,i}^{\min})] \mid\} \tag{3-2}$$

式中,d_i, e_i 分别为机组 i 的燃料费用(阀点效应部分)系数;$P_{G,i}^{\min}$ 为机组 i 的最小有功出力。

其中,"阀点效应"是指在汽轮发电机中存在因阀门开启而引起的汽轮机负荷摆动问题,它使得燃料费用函数具有"非凸"特性,所以火电机组阀点负荷的影响是不能被忽略的。

2.污染气体排放量最小

对于火力发电厂排放的大量污染气体,如 SO_x、NO_x,可以统一建立如下的模型:

$$\min F_2(P_{G,i}) = \sum_{i=1}^{N_G}(\alpha_i + \beta_i P_{G,i} + \gamma_i P_{G,i}^2 + \delta_i e^{\lambda_i P_{G,i}}) \tag{3-3}$$

式中,F_2 为污染气体排放量函数;α_i,β_i,γ_i,δ_i,λ_i 分别为机组 i 的污染气体排放量系数。

3.2.2　约束条件

1.实时负荷平衡约束

其表达式如下:

$$\sum_{i=1}^{N_G} P_{G,i} - P_D - P_{loss} = 0 \tag{3-4}$$

式中,P_D 为系统总负荷;P_{loss} 为系统总网损。

2.备用约束

其表达式如下:

$$\sum_{i=1}^{N_G} P_{G,i}^{\max} - P_D - P_{loss} - P_R \geqslant 0 \tag{3-5}$$

式中,$P_{G,i}^{\max}$ 为机组 i 的最大有功出力;P_R 为机组 i 的系统总备用。

3.发电出力限制约束

其表达式如下:

$$P_{G,i}^{\min} \leqslant P_{G,i} \leqslant P_{G,i}^{\max} \tag{3-6}$$

式中,$P_{G,i}^{\min}$ 为机组 i 的最小有功出力;$P_{G,i}^{\max}$ 为机组 i 的最大有功出力。

4.传输线最大容量限制约束

其表达式如下:

$$S_{1,k} \leqslant S_{1,k}^{\max} \tag{3-7}$$

式中,$S_{1,k}$ 为第 k 条传输线容量;$S_{1,k}^{\max}$ 为第 k 条传输线的最大容量。

3.2.3　数学模型

由上述的目标函数与约束条件可以共同构建如下的有约束的非线性多目标优化模型:

$$\min_{\boldsymbol{P}_G}[F_1(\boldsymbol{P}_G), F_2(\boldsymbol{P}_G)] \tag{3-8}$$

$$g(\boldsymbol{P}_G) = 0 \tag{3-9}$$

$$h(\boldsymbol{P}_G) \leqslant 0 \tag{3-10}$$

式中，g 为等式约束；h 为不等式约束；$\boldsymbol{P}_G$ 为机组出力向量，$\boldsymbol{P}_G = [P_{G1}, P_{G2}, \cdots, P_{G,N_G}]$。

3.3 MORBHPSO 算法在短期火电系统环境经济优化调度中的应用

3.3.1 初始化

为保证机组出力满足最小和最大出力限制约束，采用式(3-11)和式(3-12)进行算法初始化：

$$P_{G,i} = P_{G,i}^{\min} + \lambda_i(P_{G,i}^{\max} - P_{G,i}^{\min}) \tag{3-11}$$

$$v_i^0 = r_i(P_{G,i}^{\max} - P_{G,i}^{\min})/u \tag{3-12}$$

式中，λ_i 为[0,1]上服从均匀分布的随机数；v_i^0 为粒子初始速度；r_i 为[0,1]上服从均匀分布的随机数；u 为常数(本章取 $u=10$)。

3.3.2 算法中的粒子速度限制

当粒子速度越出上界或下界，则强制其速度为最大速度或最小速度，且粒子的最大和最小速度与粒子的位置有关，则

$$v_{i,d}^{\min} \leqslant v_{i,d}^k \leqslant v_{i,d}^{\max} \tag{3-13}$$

$$v_{i,d}^{\max} = (x_{i,d}^{\max} - x_{i,d}^{\min})/L \tag{3-14}$$

$$v_{i,d}^{\min} = -v_{i,d}^{\max} \tag{3-15}$$

式中，$v_{i,d}^k$ 为第 k 次迭代，第 i 个粒子的第 d 个变量的速度；$v_{i,d}^{\min}$，$v_{i,d}^{\max}$ 为第 k 次迭代，第 i 个粒子的第 d 个变量的最小和最大速度；$x_{i,d}^{\max}$，$x_{i,d}^{\min}$ 为第 i 个粒子的第 d 个变量位置的最大值和最小值；L 为设定值，用于限制粒子的最大速度。

3.3.3 多目标规划中的变异方法

为增加算法多样性，结合进化算法的变异算子，本章提出一种针对多目标优化的变异方法。首先以一定的变异概率对每个粒子中每个发电机出力 $P_{G,i}$ 进行变异，然后生成新的发电出力 $P'_{G,i}$。具体公式如下：

$$P'_{G,i} = P_{G,i} + N(0, \sigma_i^2) \tag{3-16}$$

$$\sigma_i = \beta \frac{F_1(P_{G,i}) + HF_2(P_{G,i})}{F_{1\max} + HF_{2\max}}(P_{G,i}^{\max} - P_{G,i}^{\min}) \tag{3-17}$$

式中，$N(0,\sigma_i^2)$ 为数学期望为 0，标准方差为 σ_i^2 的正态分布；β 为变异因子（本章取 $\beta=0.06$）；$F_{1\max}$，$F_{2\max}$ 为燃料费用函数最大值和污染气体排放量函数最大值；H 为费用惩罚系数。

费用惩罚系数用于连接燃料费用函数和污染气体排放量函数，即通过费用惩罚系数将污染气体排放量转化成费用值。获取 t 时刻的费用惩罚系数的方法如下：

（1）求取机组 i 在最大发电出力时的平均燃料费用 F_{1a}。

$$F_{1a}=\frac{F_1(P_{G,i}^{\max})}{P_{G,i}^{\max}} \tag{3-18}$$

（2）求取机组 i 在最大发电出力时的平均污染气体排放量。

$$F_{2a}=\frac{F_2(P_{G,i}^{\max})}{P_{G,i}^{\max}} \tag{3-19}$$

（3）求取机组 i 在最大出力时的平均燃料费用与平均污染气体排放量的比值（即机组 i 的费用惩罚系数 $h_{i,t}=F_{1a}/F_{2a}$），得到全部机组的费用惩罚系数后，并按照从小到大的顺序排列 $h_{i,t}$。

（4）将 h_{it} 按照从小到大的顺序，依次将相应机组的出力设置为最大发电出力，直到总发电出力满足负荷的要求，即 $\sum P_{G,i}^{\max} \geqslant P_{D,t}$。

（5）最后加入的机组所对应的费用惩罚系数即为系统在时刻 t 的费用惩罚系数。

3.3.4 折中最优解的选择

本节通过距离评价指标法在获取的帕累托最优前沿（POF）中选择折中最优解。如图 3-1 所示，点 $O_1 \sim O_5$ 代表分布于帕累托最优前沿上的解，其中，解 O_1 的燃料费用最小，为 $C_{\min}$，解 O_5 的污染气体排放量最小，为 $E_{\min}$。理想最优解是指燃料费用和污染气体排放量同时达到最小的解，即虚拟的理想解 $P(C_{\min},E_{\min})$。根据距离评价指标法，在 POF 中所有解中距离 P 最近的解（即最接近理想解）即为折中最优解。图 3-1 中，解 O_3 距离 P 最近，即为折中最优解。

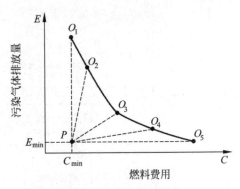

图 3-1 距离评价指标法

3.3.5 流程图

采用 MORBHPSO 算法对短期火电系统环境经济优化调度问题进行求解,算法流程图如图 3-2 所示。

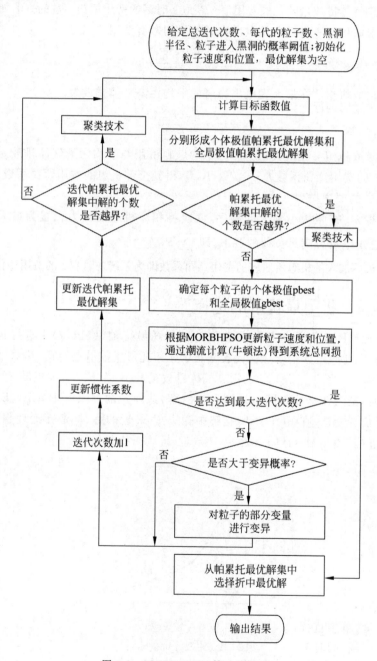

图 3-2 MORBHPSO 算法流程图

3.4　仿真算例及结果分析

下面我们分别将多目标随机黑洞粒子群优化(MORBHPSO)算法和改进的多目标随机黑洞粒子群优化(IMORBHPSO)算法应用到短期火电系统环境经济优化调度问题中。为了验证两种算法的可行性和有效性,并方便与其他多目标优化算法(如小生境帕累托遗传算法(niche Pareto genetic algorithm,NPGA)、PSO 算法/MOPSO 算法和 MODE 算法)的优化特性进行比较,采用一个典型测试系统(IEEE 30 个节点,6 个发电机组)[11,49]和一个较大的测试系统(IEEE 118 个节点,14 个发电机组)[177]作为算例进行了单个小时各机组的出力计算。其中,本章算例采用罚函数法处理等式约束(即将等式约束违犯量乘以一个罚因子,并加入到目标函数中)。

3.4.1　IEEE 30 节点系统

对于 IEEE 30 节点系统,系统负荷值为 2.834p. u.(系统基准值为 100MVA),系统接线图如图 3-3 所示,各发电机组参数(最大和最小出力限制及燃料费用系数、污染气体排放量系数)如表 3-1 所示。

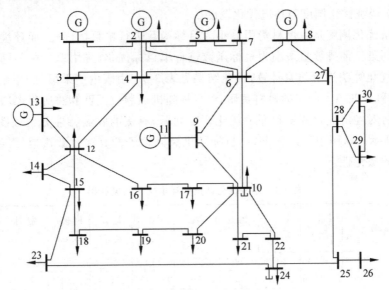

图 3-3　IEEE 30 节点系统接线图

1. 采用多目标随机黑洞粒子群优化算法

分别将单目标随机黑洞粒子群优化(RBHPSO)算法应用于经济优化调度、环境优化调度,将多目标随机黑洞粒子群优化(MORBHPSO)算法应用于环境经济优化调度问题,同时考虑了阀点效应、网损和出力限制约束,没有考虑传输线容量限制约束。三种调度问题所采用的参数如表 3-2 所示。

表 3-1   发电机组参数

机组编号	$P_{i,min}$/MW	$P_{i,max}$/MW	a/($/h)	b/($/MW·h)	c/($/(MW²·h))	d/($/h)	e/(rad/MW)	α/(10^{-4}t/h)	β/(10^{-4}t/(MW·h))	γ/(10^{-6}t/(MW²·h))	δ/(10^{-6}t/h)	λ/MW^{-1}
1	5	50	0.01	2.0	0.100	0.015	6.283	4.091	5.554	6.490	2.0	0.02857
2	5	60	0.10	1.5	0.012	0.010	8.976	2.543	6.047	5.638	5.0	0.03333
3	5	100	0.20	1.8	0.004	0.010	14.784	4.258	5.094	4.586	0.01	0.08000
4	5	120	0.10	1.0	0.006	0.005	20.944	5.326	3.550	3.380	20.0	0.02000
5	5	100	0.20	1.8	0.004	0.005	25.133	4.258	5.094	4.586	0.01	0.08000
6	5	60	0.10	1.5	0.010	0.005	18.480	6.131	5.555	5.151	0.1	0.06667

表 3-2   三种调度情况下所用参数表

目标函数	总迭代次数	每代粒子数	概率阈值	黑洞半径
经济优化调度	50	100	0.5	0.001
环境优化调度	50	100	0.3	0.01
环境经济优化调度	100	100	0.3	0.001

（1）经济优化调度与环境优化调度

经济优化调度是以燃料费用最小为目标函数进行单目标优化，而环境优化调度是以污染气体排放量最小为目标函数进行单目标优化，采用单目标的随机黑洞粒子群优化算法进行仿真计算，优化结果见表 3-3。由表中结果可见，相比于算法 PSO[49] 和 NPGA[5] 所得的燃料费用，单目标随机黑洞粒子群算法所得燃料费用值最低。针对经济优化调度和环境优化调度问题，算法的收敛特性分别如图 3-4 和图 3-5 所示。从图中可以看出，单目标随机黑洞粒子群算法收敛快速、平稳，具有很好的收敛特性。

表 3-3   经济优化调度和环境优化调度结果

目标函数	算法	P_{G1}/p.u.	P_{G2}/p.u.	P_{G3}/p.u.	P_{G4}/p.u.	P_{G5}/p.u.	P_{G6}/p.u.	网损/p.u.	费用/($/h)	排放量/(t/h)
经济优化调度	PSO	0.11530	0.30620	0.59620	0.98030	0.51410	0.35500	0.03310	607.7800	0.21980
	NPGA	0.11516	0.30522	0.59724	0.98088	0.51421	0.35417	0.03318	607.7770	0.21985
	单目标随机黑洞粒子群算法	0.10751	0.30149	0.60060	0.94182	0.51987	0.34971	0.02954	606.9373	0.22052
环境优化调度	PSO	0.41040	0.46290	0.54360	0.38960	0.54370	0.51490	0.03110	645.2300	0.19420
	NPGA	0.41007	0.46308	0.54349	0.38950	0.54386	0.51501	0.03101	645.2220	0.19418
	单目标随机黑洞粒子群算法	0.41129	0.46329	0.54283	0.39006	0.54533	0.51344	0.03241	645.4903	0.19418

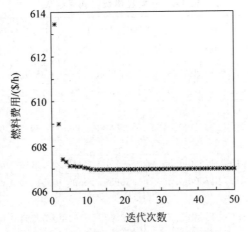

图 3-4　燃料费用函数最小的收敛特性

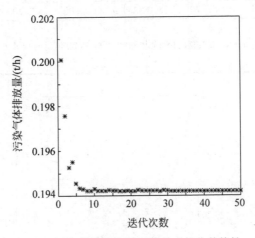

图 3-5　污染气体排放量函数最小的收敛特性

（2）环境经济优化调度

对燃料费用函数和污染气体排放量函数同时进行优化，并采用带等式约束的帕累托占优条件获取帕累托最优解集。取个体极值帕累托最优解集的个数为 40，全局极值帕累托最优解集的个数为 40，迭代帕累托最优解集的个数为 100，最后得到的帕累托最优前沿（POF）中解的个数为 40。优化结果见表 3-4，多目标随机黑洞粒子群算法生成的 POF 见图 3-6。POF 两端分别对应最优燃料费用和最优污染气体排放量。由表 3-4 和图 3-6 可见，相比算法 MOPSO 和算法 NPGA 所得的最优燃料费用，多目标随机黑洞粒子群算法所得费用最低，且相比单纯的经济优化调度，采用多目标随机黑洞粒子群算法进行环境经济优化调度所得的折中最优污染气体排放量降低了 9%，并得到分布特性良好的 POF。

表 3-4 环境经济优化调度结果

目标函数	算法	P_{G1}/ p. u.	P_{G2}/ p. u.	P_{G3}/ p. u.	P_{G4}/ p. u.	P_{G5}/ p. u.	P_{G6}/ p. u.	网损/ p. u.	费用/ ($/h)	排放量/ (t/h)
最优的燃料费用	MOPSO	0.12070	0.31310	0.59070	0.97960	0.51550	0.35040	0.03330	607.7900	0.21930
	NPGA	0.12450	0.27920	0.62840	1.02640	0.46930	0.39930	0.03931	608.1470	0.22364
	多目标随机黑洞粒子群算法	0.11280	0.30950	0.60057	0.96508	0.50566	0.36958	0.02938	607.0217	0.21871
最优的污染气体排放量	MOPSO	0.41010	0.45940	0.55110	0.39190	0.54130	0.51110	0.03090	644.7400	0.19420
	NPGA	0.39230	0.47000	0.55650	0.36950	0.55990	0.51630	0.03050	645.9840	0.19424
	多目标随机黑洞粒子群算法	0.40884	0.46038	0.53961	0.40647	0.54818	0.50254	0.03222	643.6474	0.19420
折中最优解	MOPSO	0.23670	0.36160	0.58870	0.70410	0.56350	0.40870	0.02930	615.0000	0.20210
	NPGA	0.22270	0.37870	0.55600	0.71470	0.55000	0.44240	0.03050	615.0970	0.20207
	多目标随机黑洞粒子群算法	0.26045	0.36965	0.55200	0.69002	0.55629	0.43444	0.02904	616.3928	0.20068

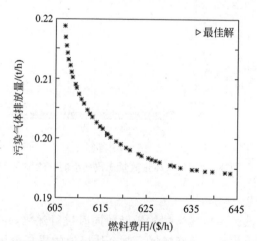

图 3-6 多目标随机黑洞粒子群算法(MORBHPSO)生成的 POF

2. 采用多目标改进随机黑洞粒子群优化算法

为了证明该改进算法应用于不同复杂系统下的有效性,并进一步验证机组阀点效应对燃料费用的影响以及传输线最大容量限制约束对求解结果的影响,分别对以下三种情况的仿真算例进行求解,所采用的参数见表 3-5。

算例 1:考虑了阀点效应、网损、出力限制约束,但没有考虑传输线容量限制约束。

表 3-5 三种算例下的参数表

节点系统	仿真算例	概率阈值	比例系数	总迭代次数	每代粒子数
IEEE 30 节点系统	算例 1	0.5	0.01	100	100
	算例 2	0.1	0.001	100	100
	算例 3	0.3	0.5	100	100

算例 2：考虑了传输线容量限制约束、网损、出力限制约束，但没有考虑阀点效应。

算例 3：考虑了传输线容量限制约束、阀点效应、网损、出力限制约束。

（1）经济优化调度与环境优化调度

采用改进的随机黑洞粒子群优化（IRBHPSO）算法，分别进行经济优化调度和环境优化调度，分别得到了最小的燃料费用和最小的污染气体排放量，结果见表 3-6。由表中结果可知，相比于 PSO 算法[46,49]，采用 IRBHPSO 算法所得的优化调度方案可以获得更低的燃料费用和更少的污染气体排放量。

表 3-6 三种算例下的经济优化调度和环境优化调度结果

节点系统	算例	算 法	最小的燃料费用/($/h)	最小的污染气体排放量/(t/h)
IEEE 30 节点系统	算例 1	PSO	626.96	0.19567
		改进的随机黑洞粒子群优化算法	612.64	0.19418
	算例 2	PSO	618.48	0.2013
		改进的随机黑洞粒子群优化算法	616.71	0.2011
	算例 3	改进的随机黑洞粒子群优化算法	632.1641	0.20129

（2）环境经济优化调度

同时优化燃料费用函数和污染气体排放量函数，并采用带等式约束的帕累托占优条件获取帕累托最优解集。取个体极值帕累托最优解集中解的个数为 20，全局极值帕累托最优解集中解的个数为 20，迭代帕累托最优解集中解的个数为 80，最后得到的帕累托最优前沿（POF）中解的个数为 20。优化结果见表 3-7，三种算例下的帕累托最优前沿如图 3-7 所示。从表 3-7 和图 3-7 中可以看出，在算例 1 和算例 2 中，相比于 MOPSO 算法[46,49]所得结果，采用改进的多目标随机黑洞粒子群（IMORBHPSO）算法进行优化调度所得到的燃料费用分别降低了 7.1246 $/h 和 1.1768 $/h，污染气体排放量分别减少了 8.87kg/h 和 4.30kg/h，具有明显的优势。相比于 MOPSO[49]的计算时间，IMORBHPSO 算法的计算时间缩短了 57%（以上算例均在 1.6GHz CPU 的计算机上实现）。通过观察图 3-7，可以看出：

表 3-7 三种算例下的环境经济优化调度结果

算例	算例 1		算例 2		算例 3
算法	MOPSO	改进的多目标随机黑洞粒子群算法	MOPSO	改进的多目标随机黑洞粒子群算法	改进的多目标随机黑洞粒子群算法
P_{G1}/p. u.	0.14089	0.195265	0.2882	0.230267	0.2093
P_{G2}/p. u.	0.34415	0.397706	0.3965	0.400569	0.3987
P_{G3}/p. u.	0.67558	0.687231	0.7320	0.877273	0.8950
P_{G4}/p. u.	0.83971	0.633867	0.7520	0.570123	0.4838
P_{G5}/p. u.	0.49043	0.55839	0.1489	0.444297	0.5498
P_{G6}/p. u.	0.39797	0.385762	0.5463	0.333513	0.3184
网损/p. u.	—	0.024385	—	0.022205	0.0212
燃料费用/(\$ /h)	639.65	632.5254	626.10	624.9232	649.68
污染气体排放量/(kg/h)	211.05	202.18	210.6	206.30	206.37
计算时间/s		2455	5854	2516	2567

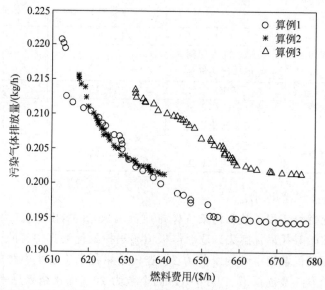

图 3-7 三种算例下,改进的多目标随机黑洞粒子群算法(IMORBHPSO)生成的 POF

① 在三种算例下,IMORBHPSO 算法均得到解均匀分布的 POF。尤其是当算例 3 中含有众多系统复杂约束时,它依然能获得分布特性良好的 POF。

② 算例 2 所得 POF 和算例 3 的相比,沿燃料费用坐标轴向左进行了一定的平移,即在同样的污染气体排放量的情况下,算例 2 所得 POF 中的解的燃料费用值较低,这是因为算例 2 中没有考虑阀点效应,这一现象有力验证了阀点效应对燃料

费用的影响及它的不可忽略性。

③ 算例 1 所得 POF 中解的分布范围比算例 2 的和算例 3 的更广,原因是算例 2 和算例 3 中均考虑了传输线最大容量限制约束,这就进一步限制了解空间的范围,即限制了 POF 中解的分布范围。

3.4.2　IEEE 118 节点系统

为进一步验证改进的多目标随机黑洞粒子群算法应用于大系统环境经济优化调度问题中的可行性和有效性,本节采用 IEEE 118 节点系统进行算例仿真,该系统是目前文献中所能找到的拥有环境经济优化调度所需参数的最大系统。系统总负荷值为 950MW·h,网损采用 1% 的负荷值,燃料费用系数和污染气体排放量系数见文献[177]。进入黑洞的概率阈值和黑洞半径比例系数均采用 0.05。

为验证带等式约束的帕累托占优条件比传统帕累托占优条件具有更大的优越性,本算例在不同迭代次数下,分别采用带等式约束的帕累托占优条件和传统帕累托占优条件,获得相应的帕累托最优前沿(POF),并通过距离评价指标法获得折中最优解,结果见表 3-8。当总迭代次数为 200,采用带等式约束的帕累托占优条件所获得的 POF 如图 3-8 所示。由表 3-8 和图 3-8 可见:

表 3-8　采用不同帕累托占优条件下的折中最优解

帕累托占优条件	带等式约束的帕累托占优条件			传统的帕累托占优条件	MODE
总迭代次数	70	100	200	300	500
P_{G1}/MW	75.0577	57.3608	94.2941	67.3752	82.1555
P_{G2}/MW	94.0481	73.6028	51.0953	103.939	50.4606
P_{G3}/MW	97.6197	50.8066	73.3304	78.9093	68.8527
P_{G4}/MW	50.2524	57.2317	56.9033	52.5199	83.5687
P_{G5}/MW	71.6301	76.2427	68.9343	50.0	68.1255
P_{G6}/MW	51.0407	78.9317	79.3741	56.3758	50.0254
P_{G7}/MW	97.9097	52.0508	68.3107	54.9323	65.3001
P_{G8}/MW	88.0854	90.0716	63.8435	63.0280	66.7923
P_{G9}/MW	50.0459	54.2593	78.0694	56.2577	75.7799
P_{G10}/MW	62.8173	59.3641	88.8205	74.1230	95.4330
P_{G11}/MW	50.0	72.9197	53.0789	76.3534	50.4028
P_{G12}/MW	71.0145	111.3726	80.5288	86.6067	87.1779
P_{G13}/MW	50.0	57.7868	52.7582	55.1894	65.6425
P_{G14}/MW	50.0	67.4520	50.1861	83.9230	50.1148
燃料费用/($/h)	4568.9	4476.5	4473.8	4481.3	4508.5
污染气体排放量/(t/h)	17.2901	21.0410	8.5471	27.0790	37.3536

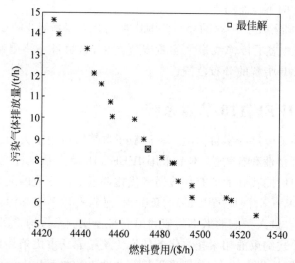

图 3-8   采用带等式约束帕累托占优条件时生成的 POF(200 次总迭代次数)

① 采用带等式约束的帕累托占优条件,当总迭代次数超过 70 时即可获得 POF,而采用传统的帕累托占优条件时,只有当总迭代次数超过 300 时才能获得 POF。这表明带等式约束的帕累托占优条件能更快更好地对最优解进行搜索。

② 相比于多目标差分进化(MODE)算法[177],采用 IMORBHPSO 算法进行优化求解时,无论是采用带等式约束的帕累托占优条件还是采用传统的帕累托占优条件,均可在减少总迭代次数的同时降低燃料费用并减少污染气体排放量。这充分说明了 IMORBHPSO 算法应用于较大型系统的有效性和相比于 MODE 算法的优越性。

③ 采用传统的帕累托占优条件时,相比于 MODE 算法,采用 IMORBHPSO 算法进行优化调度所得的燃料费用降低了 27.2$/h,污染气体排放量减少了 10.2746t/h 且迭代次数减少了 40%;采用带等式约束的帕累托占优条件时,相比于 MODE 算法,采用 IMORBHPSO 算法进行优化调度所得的燃料费用降低了 34.7$/h,污染气体排放量减少了 28.8065t/h 且迭代次数减少了 60%。这充分表明了带等式约束的帕累托占优条件拥有显著的优势,可以以更快的速度得到更优的计算结果。

3.5   小结

本章建立了短期火电系统环境经济优化调度多目标优化模型,同时对燃料费用函数和污染气体排放量函数进行优化,计及了火电机组的阀点效应和系统网损,并且考虑了实时负荷平衡约束、发电出力限制约束和传输线最大容量限制约束,使模型更贴合实际、更精确。

　　本章分别采用多目标随机黑洞粒子群(MORBHPSO)算法和改进的多目标随机黑洞粒子群(IMORBHPSO)算法对短期火电系统环境经济优化调度问题进行求解。为增加算法多样性、避免算法早熟,采用了适用于多目标优化问题的基于费用惩罚系数的变异方法。同时,分别采用带等式约束的帕累托占优条件和传统的帕累托占优条件来获取帕累托最优前沿,并使用距离评价指标法获取折中最优解。

　　为验证 MORBHPSO 算法和 IMORBHPSO 算法求解短期火电系统环境经济优化调度问题的可行性和有效性,本章分别采用标准的 IEEE 30 节点、6 个火电机组的测试系统和较大型的 IEEE 118 节点、14 个火电机组的测试系统进行仿真计算,计算结果主要表明以下两点:

　　(1) MORBHPSO 算法和 IMORBHPSO 算法相比于 MOPSO 算法和 MODE 算法具有明显优势,即有较少的迭代次数、获得的优化调度方案可进一步降低燃料费用和减小污染气体排放量。通过比较它们在 3 个不同复杂情况下的算例计算结果,验证了阀点效应对燃料费用的影响及其不可忽略性;还表明了 IMORBHPSO 算法可以对含传输线最大容量限制约束的复杂优化调度问题进行求解,并获得了理想的调度结果。

　　(2) 相比于传统的帕累托占优条件,带等式约束的帕累托占优条件可以以更快的速度搜索到更优的解,即在较少的迭代次数下可获得更优的调度方案,为多目标优化问题求解中获取帕累托最优前沿提供了一种更有效的方法。

第4章

考虑烟气脱硫装置的短期优化调度

4.1 引言

燃煤产生的二氧化硫是我国二氧化硫污染的主要来源,二氧化硫的大量排放带来了一系列的环境问题,如酸雨等,对我国的环境造成了巨大压力。因此由二氧化硫引起的空气污染问题一直备受我国政府的高度关注,并逐步出台了一系列控制二氧化硫排放的措施。比如,2003年国家环保总局新修订的《火电厂大气污染物排放标准》和制定的《排污收费征收标准管理办法》。可见,作为二氧化硫排放大户的火电行业消减二氧化硫的任务异常艰巨,是脱硫工作的重点所在。

安装烟气脱硫装置已成为燃煤电厂脱除 SO_2 的重要手段(无论是新建机组还是老机组)。但是,由于烟气脱硫装置的投资和运行费用是燃煤电厂各种污染控制系统中最高的,因此对老机组的脱硫改造存在一定的困难,除了高投资和高运行成本,还有脱硫技术制约、占地面积大等问题。上述的问题就导致了很多燃煤电厂在安装了烟气脱硫装置后,并没有真正去运行该脱硫装置,因此,实际系统中烟气脱硫装置的脱硫环保作用并没有得到充分的发挥。

烟气脱硫装置的经济性很大程度上取决于其脱硫工艺本身。目前,石灰石—石膏湿法烟气脱硫技术(fuel gas desulphurization,FGD)具有发展历史长、技术成熟、运行经验丰富、石灰石来源丰富、石膏可综合利用和可靠性高等特点,成为国内外应用范围最广、最重要的烟气脱硫技术。在我国,已经投运和在建的火电厂烟气脱硫装置,尤其是 $3\times10^5\,kW$ 以上的火电机组配套安装的烟气脱硫装置大多采用石灰石—石膏湿法烟气脱硫技术。本章讨论的烟气脱硫装置均指采用石灰石—石膏湿法烟气脱硫技术的脱硫装置。针对脱硫工艺的优化,国内外已进行了相关的研究[59-60]，而考虑烟气脱硫装置的发电优化调度的研究在目前的文献中还没有出现。

由于烟气脱硫装置在实际电力系统中已被广泛采用，研究含烟气脱硫装置的短期优化调度更贴合实际，与我国的现状和政策是相吻合的，对节能减排工作的开展具有实际指导意义。

本章首先根据国家脱硫减排以及相关排污收费政策，提出了一种适用于燃煤电厂的脱硫奖惩机制[178]，目的是使得低污染排放电厂获得较高的电价补偿、较低的排污费；相反，使高污染排放的电厂获得较低的电价补偿（或无电价补偿）、较高的排污费。其次，建立了包含烟气脱硫装置固定投资费用、运行费用、SO_2 排污费、脱硫电价收益、石膏收益等在内的燃煤发电企业年利润计算模型，并进一步构建了考虑烟气脱硫装置的短期优化调度模型，旨在提高燃煤电厂安装并运行烟气脱硫装置的积极性、降低二氧化硫排放量。最后，通过仿真计算表明了上述模型和脱硫奖惩机制的有效性及其实用价值。

4.2　烟气脱硫装置简介

在讨论烟气脱硫装置在电力系统中的应用、利润分析等问题之前，首先要了解脱硫系统的组成及其化学机理，才能更深入地理解其运行费用的组成部分。下面详细介绍一下当前应用范围最为广泛的石灰石—石膏湿法烟气脱硫技术（FGD）。

湿法脱硫系统一般布置在烟气通道中电除尘器的下游，由 2 个主系统（烟气系统和吸收塔系统）和 5 个辅助系统（石灰石粉的磨制储运及浆液制备系统、事故浆池及浆液疏排系统、石膏脱水储运系统、工艺水系统、废水处理系统）构成。

FGD 是利用石灰石浆液在吸收塔内吸收烟气中的二氧化硫，通过复杂的物理化学过程，最后生成以石膏为主的副产物。其中，化学反应过程发生在吸收塔内，一般分为如下几个过程[179]：

（1）二氧化硫的吸收过程

首先，烟气中的二氧化硫由气态变为液态，之后再与水反应并解离，主要的化学反应方程式如下：

$$SO_2(气) \Longleftrightarrow SO_2(液)$$

$$SO_2(液) + H_2O \Longleftrightarrow H^+ + HSO_3^-$$

（2）石灰石的消融过程

加入石灰石，既可以消耗溶液中的氢离子，还可以得到生成石膏所需的钙离子。主要的化学反应方程式如下：

$$CaCO_3(固) \Longleftrightarrow Ca^{2+} + CO_3^{2-}$$

$$CO_3^{2-} + 2H^+ \Longleftrightarrow H_2O + CO_2(液)$$

$$CO_2(液) \Longleftrightarrow CO_2(气)$$

（3）亚硫酸盐的氧化过程

氧化反应的结果是生成大量的硫酸根离子,已生成溶解度相对较小的硫酸钙,这可以进一步加大二氧化硫溶解的推动力。主要的化学反应方程式如下：

$$HSO_3^- + \frac{1}{2}O_2 \Longrightarrow H^+ + SO_4^{2-}$$

（4）石膏的结晶过程

脱硫的最后阶段就是将硫酸盐中的硫元素以固态盐类结晶的形式从溶液中析出,即石膏。具体的化学反应方程式如下：

$$Ca^{2+} + SO_4^{2-} + 2H_2O \Longrightarrow CaSO_4 \cdot 2H_2O$$

4.3　脱硫奖惩机制

为了促进燃煤电厂进行脱硫的积极性,使得为减排做出贡献的机组获得相应的补偿,本章提出一种脱硫奖惩机制。该机制包含 SO_2 排污费和脱硫电价两个方面。

4.3.1　SO_2 排污费

SO_2 排污费除了要参考目前国家对于排污费的有关规定,还要充分考虑各个燃煤机组之间的污染排放差异,比如单位发电量下的 SO_2 排放量限制值和各机组的 SO_2 平均排放量等因素。具体的 SO_2 排污费计算公式如下：

$$U_{p,i} = U_{p0}[1 + (E_i - E_1)/k_1E_1] + U_{p0}[1 + (E_i - E_m)/k_2E_m] \qquad (4\text{-}1)$$

式中, $U_{p,i}$ 为火电机组 i 单位排放量下的 SO_2 排污费（元/kg）; U_{p0} 为火电机组单位排放量下的 SO_2 排污费基准值（本章采用 0.63 元/kg）; E_i 为火电机组 i 单位发电量下的 SO_2 排放量,即 SO_2 的"排放绩效"[180]; E_1 为火电机组 i 单位发电量下的 SO_2 排放量限制值（kg/(kW·h)）; k_1、k_2 为影响因子,一般为给定值（经仿真测试后,本章取 $k_1 = 2$, $k_2 = 3$）; E_m 为所有机组单位发电量下的 SO_2 排放量平均值。

可见,采用上述公式计算 SO_2 排污费时,若火电机组 i 单位发电量下 SO_2 的排放量高于 SO_2 的排放量限制值和各机组的 SO_2 平均排放量,则该机组的 SO_2 排污费较大;相反,若火电机组 i 单位发电量下 SO_2 的排放量低于 SO_2 的排放量限制值和各机组的 SO_2 平均排放量,则该机组的 SO_2 排污费较小。这充分体现了各机组间的公平性,为降低 SO_2 排污费,各燃煤发电厂会更加主动积极地安装并运行烟气脱硫装置。

4.3.2　脱硫电价

与 SO_2 排污费相似,除了要参考目前国家对于脱硫电价的有关规定,还要考

虑单位发电量下的 SO_2 排放量限制值和各机组的 SO_2 平均排放量等因素。具体的脱硫电价计算公式如下：

$$U_{f,i} = U_{f0}[1 - (E_i - E_1)/k_3E_1 - (E_i - E_m)/k_4E_m]S_y \qquad (4\text{-}2)$$

式中，$U_{f,i}$ 为火电机组 i 单位发电量下的脱硫电价（元/(kW·h)）；U_{f0} 为火电机组单位发电量下的脱硫电价基准值（本章采用 0.015 元/(kW·h)）；k_3, k_4 为影响因子，一般为给定值（经仿真测试后，本章取 $k_3 = 2, k_4 = 3$）；S_y 为状态标志位，若火电机组 i 安装脱硫设备，$S_y = 1$，否则，$S_y = 0$。

可见，采用上述公式计算脱硫电价时，只有安装运行烟气脱硫装置的机组才能获得相应的脱硫电价。若火电机组 i 单位发电量下 SO_2 的排放量高于 SO_2 的排放量限制值和各机组的 SO_2 平均排放量，则脱硫电价较小；相反，若火电机组 i 单位发电量下 SO_2 的排放量低于 SO_2 的排放量限制值和各机组的 SO_2 平均排放量，则脱硫电价较大。即对脱硫减排做出贡献的机组给予电价上的一定补偿，且与减排力度成正比，这在很大程度上推动了各燃煤发电厂安装运行烟气脱硫装置的积极性，促进了节能减排工作。

4.4　含烟气脱硫装置的燃煤发电厂年利润计算模型

4.4.1　脱硫前年利润计算模型

脱硫前年利润 I_B 包含四个部分：常规电价收入、总燃料费用、总排污费、发电机组建设投资（折旧费）和人员工资等固定成本，具体的计算模型如下：

$$I_B = U_e \sum_{t=1}^{H_T} \sum_{i=1}^{N_G} P_{G,i,t} - F_{Tc} - \sum_{t=1}^{H_T} \sum_{i=1}^{N_G} (U_{p,i} E_{i,t}) - F_{fc} \qquad (4\text{-}3)$$

$$W_{G,i,t} = P_{G,i,t} \Delta t \qquad (4\text{-}4)$$

式中，U_e 为上网电价，即不含脱硫电价（元/(kW·h)）；H_T 为年发电利用小时数；N_G 为火电机组台数；$W_{G,i,t}$ 为火电机组 i 在 t 时刻的发电量；F_{Tc} 为总燃料费用；$E_{i,t}$ 为火电机组 i 在 t 时刻的 SO_2 排放量；F_{fc} 为发电机组建设投资（折旧费）和人员工资等固定成本；$P_{G,i,t}$ 为火电机组 i 在 t 时刻的发电出力；Δt 为单位调度时段，本章所采用的短期调度单位为 1h。

4.4.2　脱硫后年利润计算模型

通过 4.2 节中对于 FGD 的介绍，可以看出脱硫装置的运行费用主要包括用电费、用水费和石灰石费用。本节设定运行脱硫设备消耗的用水量和石灰石用量均与脱除的 SO_2 总量呈线性关系，因脱硫而带来的收益主要包括脱硫电价收益和石膏收益。脱硫后年利润 I_A 的计算模型如下：

$$I_A = \sum_{t=1}^{H_T}\sum_{i=1}^{N_G}[W_{G,i,t}(U_e+U_{f,i})] - F_{Tc} + k_g k_s M_s U_g \Delta E - [k_s(M_w U_w + M_s U_s)\Delta E +$$

$$\sum_{t=1}^{H_F}\sum_{i=1}^{N_G}W_{G,i,t}\psi U_0] - (F_b+F_d) - F_m - F_w -$$

$$\sum_{t=1}^{H_T}\sum_{i=1}^{N_G}[U_{p,i}E_{i,t}(1-\theta_i)] - F_{fc} \tag{4-5}$$

$$F_m = \xi F_s \tag{4-6}$$

$$F_b = \kappa F_s \frac{i_r(1+i_r)^{N_b}}{(1+i_r)^{N_b}-1} \tag{4-7}$$

$$F_d = \frac{F_s(1-\chi)}{N_b} \tag{4-8}$$

式中,k_g 为石灰石石膏转化系数,可以通过脱硫过程的化学反应方程式和摩尔守恒定理得出,其值为 1.376;k_s 为含硫量系数,为煤质含硫量和基准含硫量的比值(本书采用的基准含硫量为 1.5%);M_s 为在基准含硫量下脱除单位 SO_2 所消耗的石灰石用量;U_g 为石膏的单价;ΔE 为全年内脱除的 SO_2 总量;M_w 为在基准含硫量下脱除单位 SO_2 所消耗的水量;U_w 为工业用水的单价;U_s 为石灰石的单价;H_F 为脱硫设备的年运行时间;ψ 为脱硫设备的厂用电率;U_0 为单位发电成本;F_m 为脱硫设备年维护费用;F_w 为由脱硫设备引起的每年增加的工人工资;F_b 为脱硫设备每年的银行还贷额;F_d 为脱硫设备的年折旧费;θ_i 为火电机组 i 对应的脱硫设备的脱硫效率;ξ 为维护费率;F_s 为脱硫设备的固定投资;κ 为贷款比例;i_r 为银行利率;N_b 为脱硫设备的折旧年限;χ 为脱硫设备的设备残值率。

由此可见,脱硫后的年利润计算模型由以下几个部分组成:第一项为常规电价与脱硫电价总收益;第二项为总燃料费用;第三项为石膏收益;第四项为脱硫设备运行成本(用水费、石灰石费、用电费);第五项为脱硫设备固定投资(每年的银行还贷额、年折旧费);第六项为脱硫设备年维护费用;第七项为由脱硫设备引起的每年增加的工人工资;第八项为排污费;第九项为发电机组相应的成本(建设投资、折旧费、人员工资等)。式(4-6)~式(4-8)分别给出了脱硫设备年维护费用、年银行还贷额和年折旧费的具体计算公式。

4.5 考虑烟气脱硫装置的短期优化调度模型

本节建立了考虑烟气脱硫装置的短期优化调度模型,是指调度时间区间内和给定的负荷水平下,在满足系统各种物理条件和安全运行条件的同时,使得燃煤发电企业的日发电利润最大化,结合上述脱硫后年利润计算模型,考虑烟气脱硫装置的短期优化调度模型的目标函数如下:

$$\max I_{Ad} = \sum_{t=1}^{T}\sum_{i=1}^{N_G}(U_e + U_{f,i}S_i)W_{G,i,t} - \sum_{t=1}^{T}\sum_{i=1}^{N_G}[F_{c,i,t} + U_{p,i}E_{i,t}(1-\theta_i)] - F_{FGD}S_i$$

$$(4\text{-}9)$$

$$F_{FGD} = -k_g k_s M_s U_g \Delta E_d + \left[k_s(M_w U_w + M_s U_s)\Delta E_d + \sum_{t=1}^{T}\sum_{i=1}^{N_G}W_{G,i}\psi U_0\right] +$$

$$(F_{md} + F_{wd} + F_{bd} + F_{dd}) \tag{4-10}$$

$$F_{c,i,t} = \sum_{t=1}^{T}\sum_{i=1}^{N_G}\{a_i + b_i P_{G,i,t} + c_i P_{G,i,t}^2 + d_i \mid \sin[e_i(P_{G,i,t} - P_{G,i}^{\min})]\mid\} \tag{4-11}$$

$$E_{i,t} = \sum_{t=1}^{T}\sum_{i=1}^{N_G}(\alpha_i + \beta_i P_{G,i,t} + \gamma_i P_{G,i,t}^2 + \eta_i e^{\delta_i P_{G,i,t}}) \tag{4-12}$$

式中，I_{Ad} 为发电企业的日发电利润；T 为全天调度时段数；S_i 为标志位，第 i 个火电机组安装烟气脱硫装置时 $S_i = 1$，否则 $S_i = 0$；$F_{c,i,t}$ 为火电机组 i 在 t 时刻的燃料费用；F_{FGD} 为烟气脱硫装置投资与运行费用折合在一天内的费用；ΔE_d 为全天内脱除的 SO_2 总量；F_{md} 为脱硫设备年维护费用在一天内的折合值；F_{wd} 为每年增加的工人工资在一天内的折合值；F_{bd} 为脱硫设备每年的银行还贷额在一天内的折合值；F_{dd} 为脱硫设备的年折旧费在一天内的折合值；$P_{Gi}^{\min}$ 为火电机组 i 的最小发电出力；a_i, b_i, c_i 为火电机组 i 的燃料费用系数；d_i, e_i 为火电机组 i 的燃料费用（阀点效应部分）系数；$\alpha_i, \beta_i, \gamma_i, \delta_i, \lambda_i$ 为火电机组 i 的污染气体排放量系数。

由式（4-9）可知，发电企业的日发电利润由以下几个部分组成：第一项为全天的常规电价与脱硫电价总收益；第二项为全天的总燃料成本和总排污费；第三项为与脱硫装置相关的固定投资成本与运行成本等费用在一天内的折合值。

由式（4-10）可知，与脱硫装置相关的固定投资成本和运行成本等费用在一天内的折合值也由以下几个部分组成：第一项为全天的石膏收益，取负值是因为该处为收益而非成本；第二项为全天运行脱硫装置的用水费、石灰石费用和用电费；第三项为脱硫设备年维护费用、脱硫设备引起的每年增加的工人工资、脱硫设备固定投资（每年的银行还贷额、年折旧费）在一天内的折合值。

约束条件同第 3 章。

4.6　仿真算例及结果分析

4.6.1　脱硫奖惩机制的算例验证及分析

（1）算例数据

为验证脱硫奖惩机制的有效性，并更好地分析该机制对于燃煤发电厂安装运行烟气脱硫装置积极性的影响，本节将改进的随机黑洞粒子群优化（IRBHPSO）算法应用到短期环境经济发电调度的优化计算中,并在此调度结果的基础上对全部机组安装脱硫装置和全部机组未安装脱硫装置的利润情况作了对比分析(由于本节算例考虑的烟气脱硫装置均采用 FGD,所以为了方便起见,下文中的烟气脱硫装置均用 FGD 表示)。

算例采用含 10 个燃煤发电机组的测试系统,全天总负荷值为 39848MW·h,并考虑了机组的阀点效应、爬坡速率限制约束和网损。其中,各发电机组参数、日负荷数据和相关系数参见文献[47];各机组燃料费用系数、SO_2 排放量系数和爬坡速率限制见表 4-1。根据文献[56]中的相关数据,FGD 投资与运行的相关数据见表 4-2。由于 4.4 节中年利润计算没有包含发电机组建设投资(折旧费)和人员工资等固定成本 F_{fc},但安装 FGD 和未安装 FGD 时的 F_{fc} 相同,所以并不影响年利润的比较分析。由于 FGD 启动和停止程序所需时间较短(约 $2.5\sim5\text{min}$)[179],因此在算例中忽略了 FGD 的启停时间。

表 4-1　燃料费用系数、SO_2 排放量系数和爬坡速率限制

机组编号	a_i/($/h)	b_i/($/(MW·h))	c_i/($/(MW²·h))	d_i/($/h)	e_i/(rad/MW)	α_i/(kg/h)	β_i/(kg/(MW·h))	γ_i/(kg/(MW²·h))	η_i/(kg/h)	δ_i/MW⁻¹	最大下降速率/(MW/h)	最大爬升速率/(MW/h)
1	157.360	7.708	0.031	90	0.041	1033.908	−24.444	0.312	5.035	0.021	80	80
2	90.265	9.232	0.021	120	0.036	1033.908	−24.444	0.312	5.035	0.021	80	80
3	210.000	8.079	0.006	64	0.028	3003.910	−40.695	0.509	4.968	0.020	80	80
4	248.706	7.661	0.007	52	0.052	3003.910	−40.695	0.509	4.968	0.020	50	50
5	331.714	7.266	0.004	56	0.063	3200.006	−38.132	0.344	4.972	0.020	50	50
6	271.332	7.654	0.004	62	0.048	3200.006	−38.132	0.344	4.972	0.020	50	50
7	290.141	7.302	0.002	60	0.086	3300.056	−39.023	0.465	5.163	0.021	30	30
8	290.141	7.302	0.002	68	0.082	3300.056	−39.023	0.465	5.163	0.021	30	30
9	291.121	7.916	0.022	54	0.098	3300.056	−39.524	0.465	5.475	0.023	30	30
10	293.881	8.108	0.026	76	0.094	3600.012	−39.864	0.470	5.475	0.023	30	30

表 4-2　FGD 投资与运行相关参数

折旧年限/年	脱硫效率/%	单位投资/(元/kW)	煤质含硫量/%	厂用电率/%	用水量/吨/脱除每吨 SO_2	水单价/(元/吨)	石灰用量/吨/脱除每吨 SO_2	石灰石单价/(元/吨)	上网电价/(元/(kW·h))
15	95	300	1.5	1.4	22.5	1.5	1.75	200	0.355

设备残值率/%	石灰石石膏转化系数	石膏单价/(元/吨)	增加工资/(万元/年)	维护费率/%	贷款比例/%	贷款利率/%	排污费/(元/kg)	排污限制/(kg/(kW·h))	脱硫电价/(元/(kW·h))
5	1.376	40	264	2.5	80	5.94	0.63	0.0027	0.015

（2）脱硫前后结果比较及脱硫奖惩机制的影响

取黑洞半径比例系数 $\mu=0.4$，概率阈值 $P=0.05$，通过 MATLAB 编程（计算机配置：1.6-GHz 处理器和 960MB 的内存），采用 IRBHPSO 算法进行环境经济日发电优化调度，调度结果见表 4-3。根据表 4-3 中的计算结果，采用 4.4 节中的脱硫前后年利润计算模型、脱硫奖惩机制，求得脱硫前后的 SO_2 排放绩效、年利润、SO_2 排污费和脱硫电价，结果对比如图 4-1、图 4-2 和表 4-4 所示。

表 4-3 环境经济发电优化调度结果 MW

小时	P_{G1}	P_{G2}	P_{G3}	P_{G4}	P_{G5}	P_{G6}	P_{G7}	P_{G8}	P_{G9}	P_{G10}
1	203.974	193.541	190.371	60.000	73.213	142.700	20.901	64.904	57.636	49.822
2	203.429	272.761	192.204	77.518	86.701	114.036	20.014	85.925	28.039	54.025
3	246.239	351.644	147.989	99.046	79.333	151.335	44.620	109.12	20.237	40.853
4	298.389	355.655	218.987	149.024	73.000	111.830	74.610	105.698	40.079	19.164
5	304.321	284.479	267.074	173.383	93.328	142.309	94.487	80.560	47.094	36.293
6	310.017	308.914	300.035	216.488	133.593	94.237	95.290	106.553	64.956	50.417
7	380.874	297.138	220.244	260.648	183.361	109.822	113.348	119.803	52.526	21.961
8	397.283	285.028	249.004	299.972	183.833	65.075	128.511	119.781	75.792	34.925
9	458.722	364.966	237.456	290.065	233.770	114.658	122.509	117.319	48.835	11.387
10	468.261	351.196	316.555	249.529	231.728	159.932	125.025	117.409	58.467	26.659
11	470.000	341.679	310.020	295.643	243.000	156.815	129.948	116.193	77.015	55.000
12	459.067	397.570	333.609	287.107	243.000	157.110	121.427	113.731	76.253	54.776
13	470.000	373.370	332.628	300.000	242.707	110.423	112.950	83.974	79.948	53.907
14	407.652	424.890	305.671	300.000	197.721	83.723	129.432	55.421	58.126	37.681
15	363.262	359.405	275.199	300.000	185.817	58.505	121.158	82.523	80.000	13.942
16	288.930	283.697	198.669	295.930	160.033	60.504	120.278	89.237	61.236	43.031
17	210.332	248.054	228.821	246.168	204.751	109.550	129.281	95.621	35.406	13.208
18	224.684	244.816	259.043	296.140	207.208	158.500	104.175	111.262	38.575	33.158
19	300.003	235.960	335.021	297.245	239.357	110.786	130.000	88.645	44.555	55.000
20	366.522	314.415	335.066	297.263	225.438	160.000	130.000	100.378	66.557	52.410
21	420.402	312.535	299.398	256.697	243.000	158.666	124.204	72.524	55.387	55.000
22	340.538	236.892	235.505	221.612	243.000	157.655	97.861	68.083	25.819	52.512
23	302.462	200.004	160.508	172.628	201.074	120.542	87.765	47.110	49.788	24.708
24	227.371	229.063	89.7674	182.175	166.648	77.918	60.181	50.232	77.194	50.987

总网损/10^3 MW	1.3681
总费用/10^5 \$	5.5344
总排放量/10^5 kg	3.1921

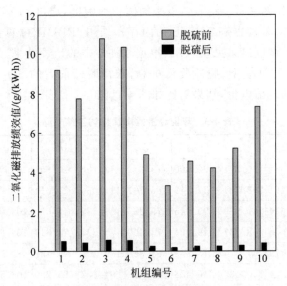

图 4-1　脱硫前后二氧化硫排放绩效值

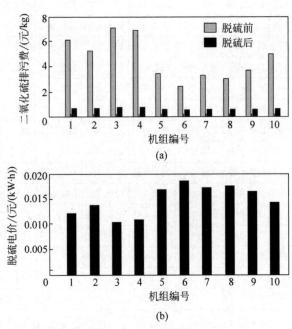

(a)

(b)

图 4-2　脱硫前后二氧化硫排污费和脱硫电价

（a）脱硫前后各机组的二氧化硫排污费；（b）各机组的脱硫电价

表 4-4　脱硫前后的排放绩效、年利润、排污费和脱硫电价对比

机组编号	脱硫前 SO_2 排放绩效 /(g/(kW·h))	脱硫后 SO_2 排放绩效 /(g/(kW·h))	脱硫前年利润 /万元	脱硫后年利润 /万元	利润差值 /万元	脱硫前排污费 /(元/kg)	脱硫后排污费 /(元/kg)	脱硫电价 /(元/(kW·h))
1	9.165676	0.458284	34714.67	45210.77	10496.1	6.117034	0.704852	0.012327
2	7.732656	0.386633	37554.14	44266.33	6712.187	5.226323	0.660316	0.013917
3	10.78792	0.539396	31515.71	42280.97	10765.26	7.125357	0.755268	0.010526
4	10.36476	0.518238	30033.41	39423.15	9389.744	6.862339	0.742117	0.010996
5	4.880622	0.244031	29743.73	31923.94	2180.204	3.453608	0.57168	0.017083
6	3.305707	0.165285	20042.47	21014.93	972.4589	2.474701	0.522735	0.018831
7	4.579789	0.228989	16491.14	17642.19	1151.044	3.266621	0.562331	0.017417
8	4.217677	0.210884	14914.15	15849.85	935.6943	3.041546	0.551077	0.017819
9	5.228009	0.2614	7885.531	8554.553	669.0218	3.66953	0.582477	0.016697
10	7.308913	0.365446	4869.874	5684.921	815.0468	4.96294	0.647147	0.014388

对上述计算结果进行分析,可得如下结论。

(1) 由图 4-1 可知,脱硫后的 SO_2 排放绩效值得到极大地降低,这充分表明了燃煤发电机组采用 FGD 脱除 SO_2 的必要性和重要性。

(2) 由表 4-4 和图 4-2 可知,通过采用脱硫奖惩机制,脱硫后的年利润明显高于脱硫前的年利润;机组的 SO_2 排放绩效值越高,则其相应的 SO_2 排污费越高且脱硫电价越低。以机组 3 和机组 6 为例进行说明,机组 3 的排放绩效值均是机组 6 的 3.2 倍,则机组 3 的 SO_2 排污费为机组 6 的 2.9 倍,而机组 3 的脱硫电价仅为机组 6 的 1/2。由此可以明显看出该脱硫奖惩机制的有效性,对低污染排放机组有更大力度的奖励,可促进燃煤发电企业进行脱硫的积极性,进一步推进了节能减排工作的进行。

4.6.2　烟气脱硫装置对于短期优化调度影响的算例结果及分析

4.6.1 节中的算例主要是从验证脱硫奖惩机制有效性的角度出发,首先进行的是短期环境经济优化调度的计算,然后再去计算年利润等,实质上在进行发电优化调度时没有考虑烟气脱硫装置,而本算例在发电优化调度中考虑了烟气脱硫装置,依然采用 IRBHPSO 算法,对考虑 FGD 的燃煤机组短期优化调度进行仿真计算,即以发电企业日利润最大化为目标函数,模型中首次考虑了 FGD 的固定投资成本与运行成本、脱硫电价收益、石膏收益、SO_2 排污费、阀点效应等因素。算例同样采用含 10 个发电机组的测试系统,全天总负荷值仍为 39848MW·h,考虑了网损和机组的爬坡速率限制。其中,各发电机组参数、日负荷数据和相关系数同 4.1 节中的算例。

为突出反映 FGD 对于发电调度的影响,对如下的 2 个算例进行仿真计算。

算例 1:全部机组均未安装 FGD。

算例 2:1~4 号及 10 号机组安装 FGD,5~9 号机组未安装 FGD。

算例 1 和算例 2 中均取总迭代次数为 400,每代粒子数为 100,黑洞半径比例 μ 为 0.4,概率阈值 P 为 0.05,分别求得算例 1 和算例 2 下的 SO_2 的排放绩效、日发电总量、日利润,结果分别如图 4-3、图 4-4 和图 4-5 所示。各发电机组出力分别见表 4-5 和表 4-6。表 4-7 为 1~4 号及 10 号机组的日脱硫成本与脱硫收益。

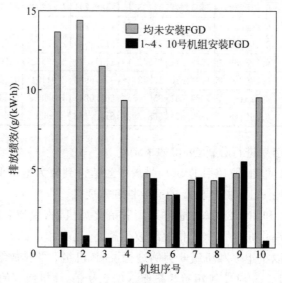

图 4-3 SO_2 排放绩效结果对比

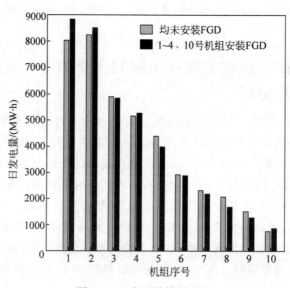

图 4-4 日发电量结果对比

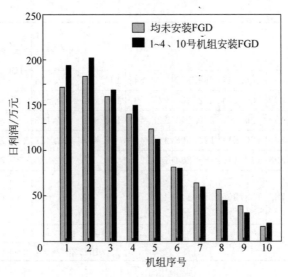

图 4-5　日利润结果对比

表 4-5　短期发电优化调度结果(算例 1)　　　　　　　MW

小时	P_{G1}	P_{G2}	P_{G3}	P_{G4}	P_{G5}	P_{G6}	P_{G7}	P_{G8}	P_{G9}	P_{G10}
1	212.470	238.092	77.097	85.030	153.250	57.043	58.034	86.740	79.784	10.000
2	292.307	160.656	153.736	97.821	143.163	106.456	57.684	62.950	49.798	10.170
3	297.498	175.402	169.363	146.525	190.799	70.485	78.491	49.812	79.569	31.608
4	282.828	235.706	162.096	181.324	202.560	118.526	96.835	78.377	76.062	10.000
5	289.638	265.565	231.224	205.378	160.773	117.677	86.338	99.305	46.284	20.585
6	356.417	331.884	272.412	176.895	124.349	159.808	95.612	93.901	59.275	10.939
7	364.348	333.339	256.450	207.954	167.223	157.701	105.663	94.380	41.424	30.992
8	319.854	396.340	320.295	241.742	175.556	113.952	85.166	65.375	66.430	55.000
9	398.192	449.806	296.082	278.224	224.779	90.074	76.925	76.304	77.855	32.270
10	457.210	394.601	302.483	268.632	243.000	121.431	98.620	102.975	76.005	40.978
11	464.176	397.434	338.400	257.684	225.225	145.296	127.960	117.810	68.579	53.615
12	469.9826	444.423	335.349	291.515	179.983	152.017	130.000	118.890	80.000	42.813
13	433.680	440.677	340.000	273.713	203.775	160.000	115.760	118.856	50.152	23.180
14	354.285	418.923	337.111	235.205	201.795	155.759	95.543	90.412	56.254	53.176
15	341.903	374.285	322.215	185.410	167.895	155.302	119.489	108.921	35.797	27.652
16	300.330	378.457	244.310	162.550	128.799	113.904	101.890	79.002	64.917	28.832
17	299.124	427.566	165.489	194.915	91.9434	116.569	75.409	51.260	49.624	53.959
18	374.823	421.565	230.190	230.765	126.670	66.569	57.667	77.663	74.146	23.996
19	404.514	411.171	255.406	276.690	174.639	111.926	87.667	49.975	58.307	10.962

续表

小时	P_{G1}	P_{G2}	P_{G3}	P_{G4}	P_{G5}	P_{G6}	P_{G7}	P_{G8}	P_{G9}	P_{G10}
20	377.402	426.061	266.711	299.382	222.642	160.000	117.484	63.109	80.000	37.438
21	316.614	387.290	304.084	272.202	242.537	160.000	101.513	87.892	69.641	55.000
22	253.537	326.499	225.807	222.244	228.441	128.455	123.103	85.802	49.200	36.123
23	209.829	247.360	166.211	194.508	192.434	78.455	104.489	115.359	47.310	10.000
24	150.539	176.398	118.119	155.284	214.265	88.385	107.370	87.361	76.860	35.218
日利润/万元	168.923	181.783	158.966	140.141	123.758	81.233	63.828	56.631	38.220	15.617
总利润/万元			1029.10							
总排放量/吨			407.26							

表 4-6 短期发电优化调度结果(算例 2) MW

小时	P_{G1}	P_{G2}	P_{G3}	P_{G4}	P_{G5}	P_{G6}	P_{G7}	P_{G8}	P_{G9}	P_{G10}
1	185.226	163.189	200.336	72.183	100.247	157.773	42.5621	47.000	75.884	12.044
2	236.282	215.327	122.374	80.552	145.674	160.000	49.1595	60.971	53.105	10.672
3	215.337	295.327	181.624	124.182	151.043	114.681	46.6723	85.746	64.597	10.000
4	294.961	299.506	232.767	134.564	168.919	114.500	76.1334	78.131	36.282	10.001
5	330.892	343.793	153.468	184.455	138.952	147.820	104.5915	60.354	20.101	39.858
6	374.558	372.030	154.618	198.927	184.629	108.751	129.1234	68.662	50.101	41.254
7	437.860	419.247	201.689	159.569	164.671	154.828	130.0000	47.000	31.040	17.329
8	470.000	362.202	268.093	172.512	153.693	147.209	118.5108	73.056	57.748	18.952
9	470.000	391.738	340.000	218.776	183.714	106.154	90.5995	78.698	72.652	48.763
10	428.5186	444.454	340.000	219.135	216.261	155.380	70.190	103.127	80.000	49.447
11	470.0000	441.861	332.545	267.656	243.000	118.880	100.173	113.244	68.235	42.041
12	457.1269	423.388	340.000	300.000	238.884	157.393	130.000	111.738	44.791	40.412
13	444.5880	439.758	340.000	300.000	241.526	114.942	102.736	98.996	39.011	39.083
14	415.3453	384.570	329.985	288.367	220.115	68.887	91.567	81.725	64.754	55.000
15	375.4599	335.942	327.960	300.000	186.458	67.443	68.729	69.498	80.000	28.920
16	299.6310	334.218	298.504	259.863	138.505	112.519	39.308	54.119	50.661	15.385
17	298.4829	322.841	258.837	250.016	88.690	124.320	65.415	51.380	23.902	40.251
18	378.4829	397.899	205.025	300.000	120.415	79.096	91.728	47.000	20.335	43.913
19	458.3034	436.093	194.332	267.899	137.017	100.740	110.554	47.126	36.408	55.000
20	408.2032	470.000	272.838	293.545	186.740	150.643	126.153	47.494	43.133	53.238
21	444.5020	394.579	297.190	251.093	172.396	150.248	116.996	47.000	71.072	55.000

续表

小时	P_{G1}	P_{G2}	P_{G3}	P_{G4}	P_{G5}	P_{G6}	P_{G7}	P_{G8}	P_{G9}	P_{G10}
22	376.7279	331.958	218.859	207.561	176.603	114.787	111.825	47.694	42.039	53.846
23	308.5414	276.576	151.556	169.462	138.495	65.073	89.260	67.585	64.661	36.574
24	241.2477	210.777	77.198	219.337	91.265	82.638	62.958	96.431	79.989	49.630
日利润/万元	194.223	202.260	166.470	149.568	112.192	80.315	59.566	45.314	31.232	19.598
总利润/万元	1060.74									
总排放量/吨	71.15									

表 4-7　1～4 号及 10 号机组的日脱硫成本与收益

机组编号	机组 1	机组 2	机组 3	机组 4	机组 10
脱硫总成本/万元	14.635	13.278	8.516	7.331	1.896
脱硫电价收益/万元	13.230	12.761	8.760	7.860	1.300
石膏收益/万元	1.425	1.150	0.616	0.474	0.064
节省的排污费/万元	12.84	14.23	8.09	5.71	0.85

对计算结果进行分析,可得如下的结论:

(1) 由表 4-5 和表 4-6 可知,部分发电机组安装 FGD 后,使 SO_2 的日排放量由原来的 407.26 吨减少至 71.15 吨,减少 SO_2 排放量共 336.11 吨(即减少了 82.53%);日利润由原来的 1029.10 万元增加为 1060.74 万元,共增加利润 31.64 万元(即增加了 3.07%)。由此可见,安装烟气脱硫装置对于燃煤发电企业进行减排的重大影响,并且在减排的同时还可以获得更丰厚的利润。

(2) 由图 4-3 可知,1～4 号及 10 号机组安装 FGD 后,极大地降低了 SO_2 排放绩效,最高可由 14.4g/(kW·h)降低至 0.7g/(kW·h)(即降低了 95.14%);由图 4-4、图 4-5、表 4-5 和表 4-6 可知,安装 FGD 的 1～4 号及 10 号机组可以明显提高其日发电总量和增加其日利润;相反,没有安装 FGD 的 5～9 号机组的日发电量有所降低,日利润也有所减少。这表明,采用考虑烟气脱硫装置的短期发电优化调度模型进行优化调度后,使得安装 FGD 对减排做出贡献的发电机组获得较多的发电份额,是电力系统公平公正的体现,在很大程度上调动了燃煤发电企业进行脱硫的积极性,有利于 SO_2 减排工作的开展。

4.7　小结

对于考虑烟气脱硫装置的发电优化调度问题的研究为节能减排要求下发电优化调度的安排提供了新的思路与方法,具有很大的实用价值。为了使得低污染排放电厂获得较高的电价补偿、较低的 SO_2 排污费,并使得高污染排放的电厂获得较低的电价补偿(或无电价补偿)、较高的 SO_2 排污费,本章提出一种基于 SO_2 排放量限制值和各机组的 SO_2 平均排放量的脱硫奖惩机制。此外,为提高燃煤电厂安装并运行烟气脱硫装置的积极性、降低二氧化硫排放量,本章首次将烟气脱硫装置和短期优化调度结合,建立了考虑烟气脱硫装置的短期优化调度模型,考虑了烟气脱硫装置固定投资成本、运行成本、SO_2 排污费、脱硫电价收益、石膏收益。

为验证脱硫奖惩机制的可行性和有效性,对含 10 个燃煤发电机组的测试系统进行了仿真计算。通过比较脱硫前后低污染排放机组和高污染排放机组的 SO_2 排放绩效值、SO_2 排污费和脱硫电价,验证了该脱硫奖惩机制的有效性,可以提高燃煤发电企业脱硫的积极性,有利于减排工作的开展。

同时,为验证考虑烟气脱硫装置的短期优化调度模型的可行性和有效性,对含有 10 个燃煤机组的测试系统进行了 2 种算例的仿真计算,计及了阀点负荷、网损和爬坡速率限制等约束。通过比较 2 种算例下各机组的 SO_2 排放绩效、日发电量、日利润,可以看出,该优化调度模型使安装烟气脱硫装置的发电机组在降低 SO_2 排放绩效的同时,获得了更多的发电份额和更高的利润(降低 SO_2 日排放量 82.53%,增加日利润 3.07%)。这充分说明了此优化调度模型可以提高发电企业进行脱硫的积极性,为节能减排工作做出巨大贡献。

第5章

短期水火电系统的优化调度

5.1 引言

实现短期水火电系统环境经济优化调度（SOEEHS），充分利用清洁的水电资源，协调好水库群调度与火电系统的配合，最大限度地发挥整个系统的综合效益，降低发电成本并减少污染气体排放量，已成为近年来国内外学者的研究热点。随着节能减排工作的深入，同时考虑经济效益和环境效益的短期水火电系统环境经济优化调度问题的研究显得越发重要。含有梯级水电站的 SOEEHS 问题是一个具有众多复杂约束条件且变量间耦合度极高的大型、高维、非凸、有时滞的非线性多目标优化问题。

首先，短期水电优化调度问题的研究已取得了丰硕的成果，这些研究通常将该优化调度问题构建为确定性模型[181-184]或含机会约束的随机性模型[185]。裴哲义等[181]以水电机组发电量最大为目标函数，将跨区域水电站群调度问题分解为小规模问题进行求解，然而约束条件较简单，且没有考虑动态水量平衡约束。吴杰康等[182]建立了梯级水电站的动态弃水模型，利用惩罚函数法处理机组输出功率及蓄水量约束，采用递归方法以消除动态水量平衡约束。针对实用化的梯级水电站问题，包括红水河梯级水库群[183]、南方电网大型跨网水电站和东北电网松江河跨流域梯级水电站[184]，建立的优化调度模型除考虑梯级水电站的常规约束外，还包含了水电机组振动区约束、机组出力波动限制等约束，但是，他们主要采用惩罚函数法处理约束条件。此外，他们将电价、入库径流量、机组运行状况也作为不确定性因素加入到梯级水电站短期优化调度中[185]，机会约束依然采用惩罚函数法进行处理。上述研究均没有考虑与火电系统出力的优化配合。

其次,对于短期水火电系统优化调度问题,国内外学者也进行了大量的相关研究。常见的方法有拉格朗日松弛(LR)法[71]、遗传算法(GA)[73]、差分进化(DE)法[88-90]、粒子群优化(PSO)算法[94-97]和混合整数规划法[186]。但是上述研究只考虑了水火电系统的经济效益,没有涉及环境效益或只将环境效益以排污约束的方式给出。

近年来,节能减排显然已经成为电力企业的工作重心之一。于是,对于水火电系统环境经济优化调度问题的研究备受关注且成为一个新的研究热点。Mandal等[42]采用差分进化法(DE)考虑了经济优化调度、环境优化调度和环境经济优化调度。然而,他们没有提及动态水量平衡约束的处理方法,且库容限制约束的处理方法是基于对可行解的选择,显然,这种方法需要大量的计算,而且有时可能导致计算结果无解。基于交互式模糊满意度的进化规划法(EP)被成功运用到 SOEEHS问题中[101],但没有给出具体的约束条件处理方法。可见,需要研究更加高效可行的方法用于处理短期水火电系统优化调度中的复杂约束条件。

本章分别建立了兼顾经济效益和环境效益的短期水火电系统环境经济优化调度(SOEEHS)问题的单目标优化模型和多目标优化模型,并计及了阀点效应、水流延迟、实时负荷平衡约束、发电出力限制约束、发电流量限制约束、库容限制约束、始末库容限制约束和动态水量平衡约束[186],提出了有效处理梯级水电站复杂约束的启发式方法。最后,采用改进随机黑洞粒子群优化(IRBHPSO)算法和改进的多目标随机黑洞粒子群优化(IMORBHPSO)算法对两个水火电测试系统进行了仿真计算。

5.2 短期水火电系统环境经济优化调度模型

短期水火电系统环境经济优化调度问题是一个复杂的非线性多目标优化问题,指在一定的调度时间内和给定的负荷水平下,在保障电力系统安全可靠运行的前提下,通过优化水电资源在时间和空间上的分布、优化安排水火电机组出力,以充分利用水电资源并进一步降低火电系统的燃料费用和污染气体排放量。

5.2.1 目标函数

(1) 含"阀点效应"的燃料费用最小

其表达式如下:

$$\min F_1(P_{s,i,t}) = \sum_{t=1}^{T} \sum_{i=1}^{N_s} \{a_i + b_i P_{s,i,t} + c_i P_{s,i,t}^2 + d_i \mid \sin[e_i(P_{s,i,t} - P_{s,i}^{\min})] \mid \}$$

(5-1)

式中,F_1 为燃料费用函数;$P_{s,i,t}$ 为火电机组 i 在 t 时刻的有功出力;T 为调度期的时段数;N_s 为系统内火电机组的个数;a_i,b_i,c_i 为火电机组 i 的燃料费用系数;d_i,e_i 为火电机组 i 的燃料费用(阀点效应部分)系数;$P_{s,i}^{\min}$ 为火电机组 i 的最小有功出力。

（2）污染气体排放量最小

其表达式如下：

$$\min F_2(P_{s,i,t}) = \sum_{t=1}^{T}\sum_{i=1}^{N_s}(\alpha_i + \beta_i P_{s,i,t} + \gamma_i P_{s,i,t}^2 + \delta_i e^{\lambda_i P_{s,i,t}}) \tag{5-2}$$

式中，F_2 为污染气体排放量函数；$\alpha_i,\beta_i,\gamma_i,\delta_i,\lambda_i$ 为火电机组 i 的污染气体排放量系数。

5.2.2　约束条件

（1）实时负荷平衡约束

其表达式如下：

$$\sum_{i=1}^{N_s} P_{s,i,t} + \sum_{j=1}^{N_h} P_{h,j,t} - P_{L,t} = P_{D,t} \tag{5-3}$$

式中，N_h 为系统内水电机组个数；$P_{h,j,t}$ 为第 j 个水电机组 t 时刻的有功出力；$P_{L,t}$ 为系统总网损；$P_{D,t}$ 为系统总负荷值。

（2）发电出力限制约束

其表达式如下：

$$P_{s,i}^{\min} \leqslant P_{s,i,t} \leqslant P_{s,i}^{\max} \tag{5-4}$$

$$P_{h,j}^{\min} \leqslant P_{h,j,t} \leqslant P_{h,j}^{\max} \tag{5-5}$$

式中，$P_{s,i}^{\min}$ 为火电机组 i 的最小有功出力；$P_{s,i}^{\max}$ 为火电机组 i 的最大有功出力；$P_{h,j}^{\min}$ 为水电机组 j 的最小有功出力；$P_{h,j}^{\max}$ 为水电机组 j 的最大有功出力。

（3）爬坡限制约束

其表达式如下：

$$\begin{cases} P_{k,t} \geqslant \max\{P_{k,t}^{\min}, P_{k,t-1} - \Delta P_{k,t}^{\text{down}}\}, & P_{k,t} \leqslant P_{k,t-1} \\ P_{k,t} \leqslant \min\{P_{k,t}^{\max}, P_{k,t-1} + \Delta P_{k,t}^{\text{up}}\}, & P_{k,t} \geqslant P_{k,t-1} \end{cases} \tag{5-6}$$

式中，$P_{k,t}$ 为（水电/火电）机组 k 在 t 时刻有功出力的爬升速率；ΔP_k^{up} 为（水电/火电）机组 k 有功出力的最大爬升速率；ΔP_k^{down} 为（水电/火电）机组 k 有功出力的最大下降速率。

（4）发电流量限制约束

其表达式如下：

$$Q_j^{\min} \leqslant Q_{j,t} \leqslant Q_j^{\max} \tag{5-7}$$

式中，$Q_j^{\min}$ 为水电机组 j 的最小发电流量；$Q_{j,t}$ 为水电机组 j 在 t 时刻的发电流量；$Q_j^{\max}$ 为水电机组 j 的最大发电流量。

（5）库容限制约束

其表达式如下：

$$V_j^{\min} \leqslant V_{j,t} \leqslant V_j^{\max} \tag{5-8}$$

式中，$V_j^{\min}$ 为水电站 j 相应水库的库容下限；$V_{j,t}$ 为水电站 j 在 t 时刻相应水库的库容；$V_j^{\max}$ 为水电站 j 相应水库的库容上限。

（6）始末库容约束

其表达式如下：

$$\begin{cases} V_{j,t} \mid_{t=0} = V_{j0} \\ V_{j,t} \mid_{t=T} = V_{j,T} \end{cases} \tag{5-9}$$

式中，V_{j0} 为初始时刻水电站 j 相应水库的库容值；$V_{j,T}$ 为末端时刻水电站 j 相应水库的库容值。

（7）动态水量平衡约束

针对整个调度期而言，其表达式为

$$V_{j,T} = V_{j0} + \sum_{t=1}^{T} I_{j,t} - \sum_{t=1}^{T} (Q_{j,t} + S_{j,t}) + \sum_{t=1}^{T} \sum_{k=1}^{N_{u,j}} (Q_{k,t-\tau_{k,j}} + S_{k,t-\tau_{k,j}})$$

$$\tag{5-10}$$

针对时刻 t 而言，其表达式为

$$V_{j,t} = V_{j,t-1} + I_{j,t} - Q_{j,t} - S_{j,t} + \sum_{k=1}^{N_{u,j}} (Q_{k,t-\tau_{k,j}} + S_{k,t-\tau_{k,j}}) \tag{5-11}$$

式中，$I_{j,t}$ 为水电站 j 在时刻 t 的天然来水量；$S_{j,t}$ 为水电站 j 在时刻 t 的弃水量；$N_{u,j}$ 为与水电站 j 直接相连的上游水电站个数；$\tau_{k,j}$ 为水电站 j 和上游水电站 k 之间的水流延迟。

5.2.3　数学模型

根据上述的目标函数和众多约束条件，可以构建如下的有约束非线性单目标优化模型和多目标优化模型。

1. 有约束非线性单目标优化模型

通过构建迭代费用惩罚系数 $h(P_{Ds})$，建立由上述的目标函数与约束条件共同组成的有约束非线性单目标优化模型，其表达式为

$$\min[F_1(\boldsymbol{P}_s) + h(P_{Ds}) \times F_2(\boldsymbol{P}_s)] \tag{5-12}$$

$$g = 0 \tag{5-13}$$

$$y \leqslant 0 \tag{5-14}$$

式中，$\boldsymbol{P}_s$ 为火电机组有功出力向量；P_{Ds} 为火电机组承担的总负荷；g 为等式约束；y 为不等式约束。迭代费用惩罚系数 $h(P_{Ds})$ 和火电机组 t 时刻承担的总负荷 $P_{Ds,t}$ 有关。$h(P_{Ds,t})$ 可通过如下方法获得：

（1）根据粒子的局部最优解（Pbest）计算火电机组 t 时刻承担的总负荷 $P_{Ds,t} = \sum P_{s,i,t}$。

（2）计算火电机组 i 满负荷时的燃料费用和污染气体排放量的比值 z_i，并将

z_i 按照升序进行排列。

$$z_i = F_1(P_{s,i}^{\max})/F_2(P_{s,i}^{\max}) \tag{5-15}$$

（3）按照 z_i 的升序表，依次加入 $P_{s,i}^{\max}$ 直到满足 $\sum P_{s,i}^{\max} \geqslant P_{Ds,t}$ 为止。此时对应于最后加入的火电机组 k 的 z_k 便是 t 时刻的迭代费用惩罚系数 $h(P_{Ds,t})$。

2. 有约束非线性多目标优化模型

由上述的目标函数与约束条件共同构建有约束的非线性多目标优化模型，其表达式为

$$\min[F_1(\boldsymbol{P}_s), F_2(\boldsymbol{P}_s)] \tag{5-16}$$

$$g = 0 \tag{5-17}$$

$$y \leqslant 0 \tag{5-18}$$

5.3　基于启发式方法的约束条件处理方法

像其他的优化问题一样，约束条件的处理直接影响短期水火电系统环境经济优化调度问题的优化结果，正确且有效的约束条件处理方法对于优化调度结果有至关重要的作用。目前常用于处理约束条件的方法有 3 类，即可行解选择法、惩罚函数法和强制满足约束条件法[101]。对于可行解选择法，虽然可行，但是极大地浪费了计算时间，有时需要很多次的仿真计算才得到一个满足约束条件的可行解；惩罚函数法在解决很多问题中都有应用，但是同样需要大量的计算时间，而且惩罚系数的选择很关键也很困难；强制满足约束条件法处理只有单一约束条件的问题或许很好，但对于含有多个且呈耦合关系的约束条件是束手无策的。所以需要研究更有效的约束条件处理方法，尤其是针对含有梯级水电站复杂约束条件的情况。下面将具体详细地介绍短期水火电系统环境经济优化调度问题中的复杂约束条件的处理方法。需要说明的一点是，在短期水火电系统优化调度问题中，一天内每小时的来水量差别不大，下面介绍的库容限制约束的处理方法仅适用于短期水火电系统优化调度问题。而对于长期水火电系统优化调度问题而言，库容限制约束的处理方法会稍有不同，将在第 6 章中进行详细介绍。

5.3.1　不等式约束的处理

对于短期水火电系统环境经济优化调度问题而言，不等式约束主要是指发电流量限制约束和火电有功出力限制约束，采用如下方法对该不等式约束进行处理。即当水电机组的发电流量/火电机组有功出力超过了其限制范围时，则将水电机组的发电流量/火电机组有功出力规定为其相应的上界值或下界值。其表达式为

$$Q_{j,t} = \begin{cases} Q_j^{\min}, & Q_{j,t} < Q_j^{\min} \\ Q_j^{\max}, & Q_{j,t} > Q_j^{\max} \end{cases} \tag{5-19}$$

$$P_{s,i,t} = \begin{cases} P_{s,i}^{\min}, & P_{s,i,t} < P_{s,i}^{\min} \\ P_{s,i}^{\max}, & P_{s,i,t} > P_{s,i}^{\max} \end{cases} \qquad (5\text{-}20)$$

5.3.2　实时负荷平衡约束的处理

1. 平均满负荷费用

基于迭代费用惩罚系数,可求得火电机组 i 在 t 时刻的平均满负荷费用 $C_{i,t}$ 为

$$C_{i,t} = [F_1(P_{s,i}^{\max}) + h(P_{Ds,t})F_2(P_{s,i}^{\max})]/P_{s,i}^{\max} \qquad (5\text{-}21)$$

2. 实时负荷平衡约束条件的处理

采用基于平均满负荷费用的启发式方法处理实时负荷平衡约束,具体步骤如下:

(1) 计算火电机组 i 在 t 时刻的平均满负荷费用 $C_{i,t}$,并将 $C_{i,t}$ 按照降序排列。

(2) 设置初始时刻 $t=1$。

(3) 根据 $\Delta P_{D,t} = \sum\limits_{i=1}^{N_s} P_{s,i,t} + \sum\limits_{j=1}^{N_h} P_{h,j,t} - P_{D,t}$ 计算实时负荷差值,若 $\Delta P_{D,t} > 0$,继续;若 $\Delta P_{D,t} < 0$,跳转至(7);否则,跳转至(10)。

(4) 设置火电机组序号 $i=1$。

(5) 将 $C_{k,t}$ 最大的火电机组出力设置为其最小出力 $P_{s,k}^{\min}$,从降序表中删除 $C_{k,t}$,重新计算 $\Delta P_{D,t}$。

(6) 若 $\Delta P_{D,t} > 0$,$i=i+1$;若 $i \leqslant N_s$,跳转至(5);若 $\Delta P_{D,t} \leqslant 0$,$P_{s,k,t} = P_{s,k}^{\min} - \Delta P_{D,t}$,跳转至(10)。

(7) 设置火电机组序号 $i=1$。

(8) 将 $C_{k,t}$ 最小的火电机组出力设置为其最大出力 $P_{s,k}^{\max}$,从降序表中删除 $C_{k,t}$,重新计算 $\Delta P_{D,t}$。

(9) 若 $\Delta P_{D,t} < 0$,$i=i+1$;若 $i \leqslant N_s$,跳转至(8);若 $\Delta P_{D,t} \geqslant 0$,$P_{s,k,t} = P_{s,k}^{\max} - \Delta P_{D,t}$,跳转至(10)。

(10) $t=t+1$;若 $t \leqslant T$,跳转至(3);否则,结束。

5.3.3　动态水量平衡约束的处理

由于上下游水电机组之间存在着水流延迟,所以上游水电机组的发电流量大小对下游水电机组发电流量和库容的影响有一定的延迟。这使得梯级水电站的动态水量平衡约束很难处理。本节处理该复杂约束条件的思路主要是根据在各水电机组发电流量上下限约束范围内,增加或减小其他时刻的发电流量来调整本时刻的发电流量大小,这样便可以使得在满足动态水量平衡的同时保证发电流量满足上下限约束。

处理动态水量平衡约束相应的方法框图如图 5-1 所示。具体的处理步骤如下:

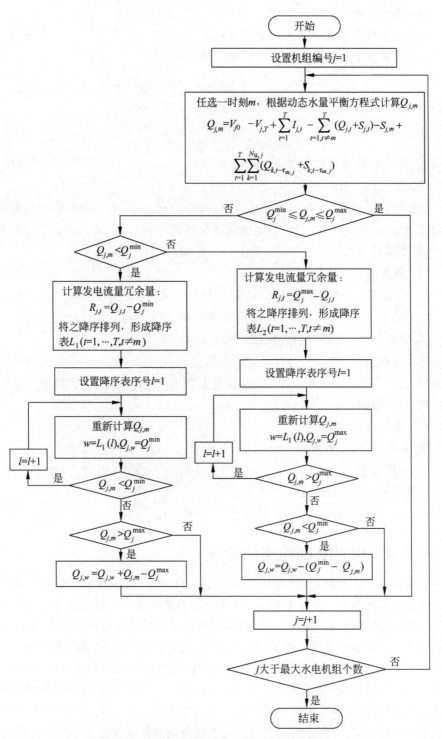

图 5-1　处理动态水量平衡约束的方法框图

(1) 设置水电机组序号 $j=1$。

(2) 在调度期内任意选择一个时刻 m。

(3) 计算水电机组 j 在时刻 m 的发电流量 $Q_{j,m}$：

$$Q_{j,m}=V_{j0}-V_{j,T}+\sum_{t=1}^{T}I_{j,t}-\sum_{t=1,t\neq m}^{T}(Q_{j,t}+S_{j,t})-$$

$$S_{j,m}+\sum_{t=1}^{T}\sum_{m=1}^{N_{u,j}}(Q_{m,t-\tau_{m,j}}+S_{m,t-\tau_{m,j}}) \qquad (5\text{-}22)$$

若 $Q_{j,m}$ 满足发电流量限制约束，跳转至(12)；若 $Q_{j,m}<Q_{j}^{\min}$，继续；若 $Q_{j,m}>Q_{j}^{\max}$，跳转至(8)。

(4) 当 $Q_{j,m}<Q_{j}^{\min}$ 时，可以通过减小其他 $t(t\in\{1,\cdots,T\},t\neq m)$ 时刻的发电流量来对 $Q_{j,m}$ 进行调整；计算发电流量冗余量 $R_{j,t}=Q_{j,t}-Q_{j}^{\min}$，将 $R_{j,t}$ 按照降序排列，得到降序表 L_1。

(5) 设置表 L_1 的序号 $l=1$。

(6) 通过表 L_1 查找时刻 $k=L_1(l)$，则 $Q_{j,k}=Q_{j}^{\min}$，重新计算 $Q_{j,m}$。

(7) 若 $Q_{j,m}<Q_{j}^{\min}$，$l=l+1$，跳转至(6)；若 $Q_{j,m}>Q_{j}^{\max}$，$Q_{j,k}=Q_{j,k}+Q_{j,m}-Q_{j}^{\max}$，跳转至(12)；否则，跳转至(12)。

(8) 当 $Q_{j,m}>Q_{j}^{\max}$ 时，可以通过增大其他 $t(t\in\{1,\cdots,T\},t\neq m)$ 时刻的发电流量来对 $Q_{j,m}$ 进行调整；计算发电流量冗余量 $R_{j,t}=Q_{j}^{\max}-Q_{j,t}$。将 $R_{j,t}$ 按照降序排列，得到降序表 L_2。

(9) 设置表 L_2 的序号 $l=1$。

(10) 通过表 L_2 查找时刻 $k=L_2(l)$，则 $Q_{j,k}=Q_{j}^{\max}$，重新计算 $Q_{j,m}$。

(11) 若 $Q_{j,m}>Q_{j}^{\max}$，$l=l+1$，跳转至(10)；若 $Q_{j,m}<Q_{j}^{\min}$，则 $Q_{j,k}=Q_{j,k}-(Q_{j}^{\min}-Q_{j,m})$，跳转至(12)；否则，跳转至(12)。

(12) $j=j+1$，若 $j\leqslant N_{h}$，跳转至(2)；否则，结束。

5.3.4 库容限制约束的处理

通过动态水量平衡方程（式(5-10)和式(5-11)）可知，梯级水电站间的库容和发电流量是相互联系和相互制约的。上游水电站发电流量的改变将直接影响相连下游水电站的发电流量和库容。所以，兼顾梯级水电站的发电流量限制约束、库容限制约束和动态水量平衡约束是非常困难的，而常用的可行解选择方法影响了算法的寻优且降低了寻优速度。本节提出一种新的基于启发式方法的"调整有效发电流量"的库容限制约束处理方法，根据发电流量冗余量和库容冗余量来调整发电流量，以此来调整库容大小并最终满足库容限制约束。即当 $V_{j,t}<V_{j}^{\min}$ 时，可以通过减小 t 时刻以前（包含时刻 t）各时刻的有效发电流量来调整 $V_{j,t}$；当 $V_{j,t}>V_{j}^{\max}$ 时，可以通过增加 t 时刻以前（包含时刻 t）各时刻的有效发电流量来调整 $V_{j,t}$。该方法保证了算法每次迭代的所有解都能同时满足库容限制约束、发电流量限制约束和动态水量平衡约束,在相同的迭代次数下更有利于最优解的搜寻。

处理库容限制约束相应的方法框图如图 5-2 所示。具体的处理步骤如下:

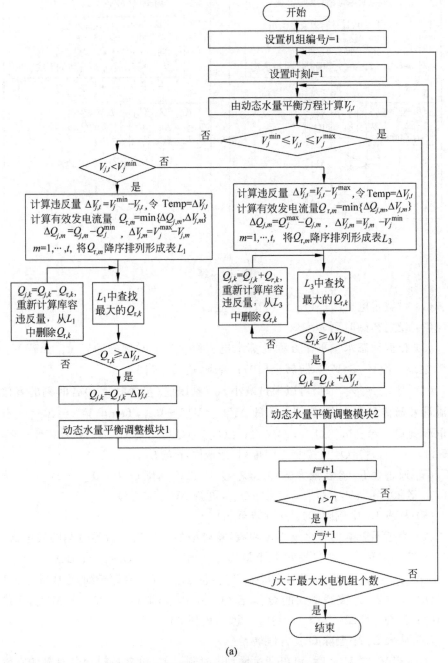

(a)

图 5-2　处理库容限制约束的方法框图

(a)"调整有效发电流量法"主框图;(b)动态水量平衡调整模块子框图

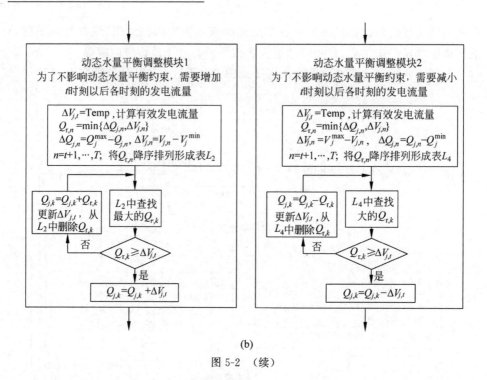

(b)

图 5-2　（续）

（1）设置水电机组序号 $j=1$。

（2）设置初始时刻 $t=1$。

（3）根据动态水量平衡方程计算水电机组 j 在 t 时刻的库容 $V_{j,t}$。若 $V_{j,t}<V_j^{\min}$，继续；若 $V_{j,t}>V_j^{\max}$，跳转至（10）；否则，跳转至（16）。

（4）当 $V_{j,t}<V_j^{\min}$ 时，可以通过减小 t 时刻以前（包含时刻 t）各时刻的有效发电流量来调整 $V_{j,t}$，计算库容违反量 $\Delta V_{j,t}=V_j^{\min}-V_{j,t}$，$\text{Temp}\_V_{j,t}=\Delta V_{j,t}$；有效发电流量 $Q_{r,m}=\min\{\Delta Q_{j,m},\Delta V_{j,m}\}$；$\Delta Q_{j,m}=Q_{j,m}-Q_j^{\min}$；$\Delta V_{j,m}=V_j^{\max}-V_{j,m}$；$m\in\{1,\cdots,t\}$。将 $\{Q_{r,m}\}$ 按照降序排列，形成降序表 L_1。

（5）通过表 L_1 查找最大的 $Q_{r,k}$，若 $Q_{r,k}\geqslant\Delta V_{j,t}$，则 $Q_{j,k}=Q_{j,k}-\Delta V_{j,t}$，并跳转至（7）；若 $Q_{r,k}<\Delta V_{j,t}$，$Q_{j,k}=Q_{j,k}-Q_{r,k}$，更新 $\Delta V_{j,t}$ 并继续。

（6）从表 L_1 中删除 $Q_{r,k}$ 并跳转至（5）。

（7）为了不影响动态水量平衡约束，需要增加 t 时刻以后各时刻的发电流量，$\Delta V_{j,t}=\text{Temp}\_V_{j,t}$。则有效发电流量 $Q_{r,n}=\min\{\Delta Q_{j,n},\Delta V_{j,n}\}$；$\Delta Q_{j,n}=Q_j^{\max}-Q_{j,n}$；$\Delta V_{j,n}=V_{j,n}-V_j^{\min}$；$n\in\{t+1,\cdots,T\}$。将 $\{Q_{r,n}\}$ 按照降序排列，形成降序表 L_2。

（8）通过表 L_2 查找最大的 $Q_{r,k}$，若 $Q_{r,k}\geqslant\Delta V_{j,t}$，则 $Q_{j,k}=Q_{j,k}+\Delta V_{j,t}$，并跳转至（16）；若 $Q_{r,k}<\Delta V_{j,t}$，$Q_{j,k}=Q_{j,k}+Q_{r,k}$，更新 $\Delta V_{j,t}$ 并继续。

（9）从表 L_2 中删除 $Q_{r,k}$ 并跳转至（8）。

（10）当 $V_{j,t}>V_j^{\max}$ 时，可以通过增加 t 时刻以前（包含时刻 t）各时刻的有效发电流量来调整 $V_{j,t}$，计算库容违反量 $\Delta V_{j,t}=V_{j,t}-V_j^{\max}$，$\text{Temp}\_V_{j,t}=\Delta V_{j,t}$。有效

发电流量 $Q_{r,m} = \min\{\Delta Q_{j,m}, \Delta V_{j,m}\}$；$\Delta Q_{j,m} = Q_j^{\max} - Q_{j,m}$；$\Delta V_{j,m} = V_{j,m} - V_j^{\min}$；$m \in \{1, \cdots, t\}$。将 $\{Q_{r,m}\}$ 按照降序排列，形成降序表 L_3。

（11）通过表 L_3 查找最大的 $Q_{r,k}$，若 $Q_{r,k} \geqslant \Delta V_{j,t}$，则 $Q_{j,k} = Q_{j,k} + \Delta V_{j,t}$，并跳转至（13）；若 $Q_{r,k} < \Delta V_{j,t}$，$Q_{j,k} = Q_{j,k} + Q_{r,k}$，更新 $\Delta V_{j,t}$，并继续。

（12）从表 L_3 中删除 $Q_{r,k}$ 并跳转至（11）。

（13）为了不影响动态水量平衡约束，需要减小 t 时刻以后各时刻的发电流量，$\Delta V_{j,t} = \text{Temp\_}V_{j,t}$。有效发电流量 $Q_{r,n} = \min\{\Delta Q_{j,n}, \Delta V_{j,n}\}$；$\Delta Q_{j,n} = Q_{j,n} - Q_j^{\min}$；$\Delta V_{j,n} = V_j^{\max} - V_{j,n}$，$n \in \{t+1, \cdots, T\}$。将 $\{Q_{r,n}\}$ 按照降序排列，形成降序表 L_4。

（14）通过表 L_4 查找最大的 $Q_{r,k}$，若 $Q_{r,k} \geqslant \Delta V_{j,t}$，则 $Q_{j,k} = Q_{j,k} - \Delta V_{j,t}$ 并跳转至（16）；若 $Q_{r,k} < \Delta V_{j,t}$，$Q_{j,k} = Q_{j,k} - Q_{r,k}$，更新 $\Delta V_{j,t}$，并继续。

（15）从表 L_4 中删除 $Q_{r,k}$ 并跳转至（14）。

（16）$t = t+1$，若 $t \leqslant T$，跳转至（3）；否则，继续。

（17）$j = j+1$，若 $j \leqslant N_h$，跳转至（2）；否则，结束。

5.4　仿真算例及结果分析

分别将改进的随机黑洞粒子群优化（IRBHPSO）算法和改进的多目标随机黑洞粒子群优化（IMORBHPSO）算法运用到短期水火电系统环境经济优化调度（SOEEHS）问题中，为验证约束条件处理方法、IRBHPSO 算法和 MOIRBHPSO 算法的可行性和有效性，算例分别采用两个测试系统：一个典型水火电测试系统（4 个梯级水电站（含有 4 个水电机组）和 3 个火电机组，记为算例 1）和一个较大的水火电系统（4 个梯级水电站（含有 4 个水电机组）和 10 个火电机组，记为算例 2）。所采用的算法系数值见表 5-1。

表 5-1　两个测试系统所采用的算法系数

仿真算例	p	ρ	$N_{\text{gen}}^{\max}$	N_p
算例 1	0.002	0.001	400	100
算例 2	0.005	0.001	200	100

5.4.1　初始化

对于 SOEEHS 问题而言，粒子由调度期内各时刻所有水电机组的发电流量和所有火电机组的出力组成。假如系统含有 N_h 个水电机组，N_s 个火电机组，调度期内的时段数为 T，则粒子 QP 描述如下：

$$\text{QP} = \begin{bmatrix} Q_{11} & \cdots & Q_{N_h 1} & P_{s11} & \cdots & P_{s,N_s 1} \\ \vdots & \ddots & \vdots & \vdots & \ddots & \vdots \\ Q_{1T} & \cdots & Q_{N_h,T} & P_{s1,T} & \cdots & P_{s,N_s,T} \end{bmatrix} \tag{5-23}$$

为满足火电出力限制约束和发电流量限制约束,初始种群的每个粒子按式(5-24)和式(5-25)进行初始化:

$$P_{s,i,t} = P_{s,i}^{\min} + \varepsilon_{i,t}(P_{s,i}^{\max} - P_{s,i}^{\min}) \tag{5-24}$$

$$Q_{j,t} = Q_j^{\min} + \mu_{j,t}(Q_j^{\max} - Q_j^{\min}) \tag{5-25}$$

式中,$\mu_{j,t}$,$\varepsilon_{i,t}$分别为随机数。

为满足粒子速度限制约束,对初始种群中每个粒子速度进行如下初始化:

$$v_{s,i,t} = \frac{\varepsilon_{i,t}(P_{s,i}^{\max} - P_{s,i}^{\min})}{\kappa_1} \tag{5-26}$$

$$v_{h,j,t} = \frac{\mu_{j,t}(Q_j^{\max} - Q_j^{\min})}{\kappa_2} \tag{5-27}$$

式中,$v_{s,i,t}$为火电机组出力所对应的粒子速度;κ_1为设定的常数;$v_{h,j,t}$为水电机组发电流量所对应的粒子速度;κ_2为设定的常数。

5.4.2　算例1的仿真结果及分析

在算例1中,通过迭代费用惩罚系数将 SOEEHS 问题构建成单目标优化模型,并将 IRBHPSO 算法应用到该优化模型的求解中。为验证启发式约束条件处理方法和 IRBHPSO 算法对于优化 SOEEHS 问题的有效性,我们采用由 4 个梯级水电站(含有 4 个水电机组)和 3 个火电机组组成的典型水火电测试系统[42,101],总装机容量为 2975MW,并考虑了水流延迟、阀点效应、发电出力限制约束、发电流量限制约束、库容限制约束、始末库容约束和动态水量平衡约束。调度周期取为 1 天,以 1h 为单位。梯级水电站的网络结构及水流延迟、水电出力计算系数、天然来水量、库容限制、发电流量限制、始末库容、水电机组出力限制、各时刻的负荷值、火电机组出力限制、燃料费用系数、污染气体排放量系数参见文献[101]。

为便于和进化规划(EP)法[101]和差分进化(DE)算法[42]进行比较,该算例取最大迭代次数 $N_{\text{gen}}^{\max} = 400$,每一代的最大粒子数 $N_p = 100$,并进行了 10 次独立的计算。计算结果分别见表 5-2 和表 5-3,燃料费用函数和污染气体排放量函数的收敛特性如图 5-3 所示。结果分析如下:

表 5-2　采用 IRBHPSO 的短期水火电系统环境经济优化调度结果　　　　MW

小时	P_{h1}	P_{h2}	P_{h3}	P_{h4}	P_{s1}	P_{s2}	P_{s3}	P_D
1	87.6591	52.6926	30.9099	142.3227	175.0000	210.3548	51.0609	750
2	82.2411	73.0312	27.5912	162.3092	175.0000	209.8273	50.0000	780
3	84.9239	53.5164	0.0000	126.7526	175.0000	209.7998	50.0072	700
4	62.0831	59.4926	0.0000	110.5883	175.0000	192.8361	50.0000	650
5	67.5105	65.4272	43.7107	143.4850	175.0000	124.8666	50.0000	670

续表

小时	P_{h1}	P_{h2}	P_{h3}	P_{h4}	P_{s1}	P_{s2}	P_{s3}	P_D
6	71.3433	55.9461	31.7560	206.0441	175.0000	209.9104	50.0000	800
7	63.3118	69.5585	34.7998	167.7273	175.0000	300.0000	139.6027	950
8	59.5725	63.0225	36.1078	236.7933	175.0000	300.0000	139.5039	1010
9	83.6689	72.3462	43.3934	278.3516	175.0000	300.0000	137.2399	1090
10	63.6944	59.3407	47.4777	294.7268	175.0000	300.0000	139.7605	1080
11	84.6589	66.0543	37.1109	297.4101	175.0000	300.0000	139.7658	1100
12	84.7718	51.7741	48.6729	288.4743	175.0000	300.0000	201.3069	1150
13	87.9538	59.2134	50.5130	296.4613	175.0000	300.0000	140.8585	1110
14	87.2167	69.4240	40.2560	218.4912	175.0000	300.0000	139.6121	1030
15	85.1361	58.7782	53.6379	293.9509	175.0000	293.4969	50.0000	1010
16	79.6524	57.0734	45.1420	264.4156	175.0000	300.0000	138.7166	1060
17	70.9362	58.0551	49.2234	256.9582	175.0000	300.0000	139.8271	1050
18	89.0804	67.1999	50.3864	298.9186	175.0000	300.0000	139.4146	1120
19	84.2729	55.6675	53.6723	286.2831	175.0000	275.3624	139.7418	1070
20	60.7200	74.6892	54.2916	245.4577	175.0000	300.0000	139.8415	1050
21	71.6768	69.9939	56.8088	275.0823	175.0000	209.7730	51.6653	910
22	68.2715	56.0050	56.1884	294.0979	175.0000	160.4372	50.0000	860
23	89.6342	72.3678	50.5820	287.4828	175.0000	124.9062	50.0269	850
24	81.8031	73.6366	56.0825	275.8708	170.6848	91.1912	50.7310	800

表 5-3 各时刻的发电流量和库容值

小时	Q_{h1} /($10^4\,\mathrm{m^3/h}$)	Q_{h2} /($10^4\,\mathrm{m^3/h}$)	Q_{h3} /($10^4\,\mathrm{m^3/h}$)	Q_{h4} /($10^4\,\mathrm{m^3/h}$)	V_{h1} /$10^4\,\mathrm{m^3}$	V_{h2} /$10^4\,\mathrm{m^3}$	V_{h3} /$10^4\,\mathrm{m^3}$	V_{h4} /$10^4\,\mathrm{m^3}$
1	10.4092	6.3932	21.9721	7.0933	99.5908	81.6068	156.1279	115.7067
2	9.2813	10.1725	21.6524	9.3430	99.3095	79.4343	142.6755	108.7637
3	9.9814	6.4841	28.3523	6.7929	97.3281	81.9502	128.7324	103.5708
4	6.2138	7.2309	29.0291	6.0000	98.1143	83.7193	117.3777	97.5708
5	6.9859	8.2222	15.6425	7.4608	97.1284	83.4971	124.8891	112.0821
6	7.5763	6.6839	19.0929	12.2755	96.5521	83.8132	122.4940	121.4590
7	6.3720	9.3152	18.2233	7.2737	98.1802	80.4980	121.4875	142.5376
8	5.7983	8.2574	17.8557	11.8361	101.3819	79.2406	121.4303	159.7306
9	9.3832	10.4072	14.9766	16.2116	101.9986	76.8335	120.5096	159.1616
10	6.1694	7.7556	11.3708	18.2553	106.8292	78.0779	125.2523	159.9992
11	9.1553	8.9331	18.0749	18.7177	109.6740	78.1447	125.8179	159.5048
12	9.1370	6.4215	13.6914	17.3999	110.5369	79.7232	130.7031	159.9606

续表

小时	Q_{h1} /($10^4\,\mathrm{m^3/h}$)	Q_{h2} /($10^4\,\mathrm{m^3/h}$)	Q_{h3} /($10^4\,\mathrm{m^3/h}$)	Q_{h4} /($10^4\,\mathrm{m^3/h}$)	V_{h1} /$10^4\,\mathrm{m^3}$	V_{h2} /$10^4\,\mathrm{m^3}$	V_{h3} /$10^4\,\mathrm{m^3}$	V_{h4} /$10^4\,\mathrm{m^3}$
13	9.6608	7.5182	14.0363	19.1445	111.8761	80.2050	137.5777	155.7928
14	9.4108	9.3722	18.6903	10.4352	114.4653	79.8327	139.9576	156.7284
15	8.9759	7.3227	12.8730	18.7096	116.4894	81.5100	146.1669	156.0937
16	8.0633	6.9631	18.0026	15.0582	118.4262	82.5469	147.0933	154.7269
17	6.8383	7.1252	16.9696	14.2598	120.5879	82.4217	150.4718	154.5034
18	9.5801	8.9932	16.5937	20.0000	119.0078	79.4285	151.2640	153.1937
19	8.8111	7.0366	14.7632	18.9722	117.1967	79.3919	151.3023	147.0945
20	5.6435	11.0421	14.8758	13.3137	117.5531	76.3498	154.1317	151.7835
21	6.9750	10.1289	11.4409	16.6384	117.5782	75.2209	162.4952	152.1147
22	6.5225	7.3349	14.9887	19.9995	119.0556	76.8860	162.1865	148.7089
23	9.7047	10.8750	17.8430	19.8101	118.3510	74.0109	163.3606	143.6620
24	8.3510	12.0110	10.0120	18.5378	120.0000	70.0000	170.0000	140.0000

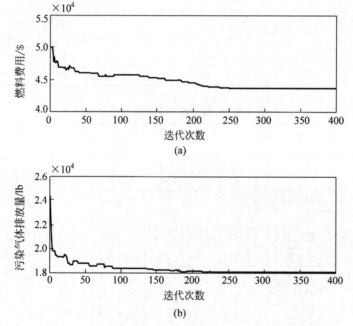

图 5-3 燃料费用函数和污染气体排放量函数的收敛特性

(a) 燃料费用函数的收敛特性；(b) 污染气体排放量函数的收敛特性

(1) 由表 5-2 和表 5-3 可知，包含库容限制约束在内的所有水电机组约束条件都满足要求，这表明用于处理梯级水电站多个复杂约束的启发式方法可以有效地解决由于时间耦合性和空间相关性带来的发电流量限制约束、库容限制约束和动态水量平衡约束的处理难题。表 5-4 给出了 IRBHPSO 算法与进化规划法和差分进化算法的比较结果,可以看出 IRBHPSO 算法可以有效地运用到 SOEEHS 问题的优化求解中,并得到了更优的调度方案。由计算结果可知,每天的燃料费用分别降低了 4303.96 \$ 和 1311.96 \$(即分别降低了 9% 和 3%),污染气体排放量分别减少了 8231.37lb 和 1522.37lb(即分别减少了 31.3% 和 7.8%)。

表 5-4　IRBHPSO 与其他算法解决 SOEEHS 问题的结果比较

算　　法	IRBHPSO	EP	DE
燃料费用/\$	43602.04	47906.00	44914.00
污染气体排放量/lb	18092.63	26324.00	19615.00

(2)从图 5-3 可以看出,IRBHPSO 算法能够快速且平稳地收敛到最优解,进一步验证了 IRBHPSO 算法用于解决 SOEEHS 问题的可行性和有效性。

5.4.3　算例 2 的仿真结果及分析

为了进一步验证改进的多目标随机黑洞粒子群优化(IMORBHPSO)算法应用于短期的大型水火电系统环境经济多目标优化调度问题中的可行性和有效性,对含有 4 个梯级水电站(含有 4 个水电机组)和 10 个火电机组的较大型测试系统进行了仿真计算。系统的总装机容量为 51848MW,并考虑了和算例 1 相同的约束条件。调度周期取为 1 天,以 1h 为单位。梯级水电站的网络结构及水流延迟、水电出力计算系数、天然来水量、库容限制、发电流量限制、始末库容和水电机组出力限制等参数同算例 1,算例 2 中的系统负荷值见表 5-5,火电机组有功出力限制值、燃料费用系数和污染气体排放量系数参见文献[47]。在该算例中,同时优化燃料费用函数和污染气体排放量函数,即将 SOEEHS 问题构建为多目标优化模型,并且分别采用传统的多目标粒子群优化(MOPSO)算法和 IMORBHPSO 算法求解该优化问题,对仿真结果进行了比较分析。

表 5-5　算例 2 中系统的负荷值　　　　　　　　MW

小时	1	2	3	4	5	6	7	8	9	10	11	12
P_D	1536	1610	1758	1906	1980	2128	2202	2276	2424	2522	2606	2650
小时	13	14	15	16	17	18	19	20	21	22	23	24
P_D	2572	2424	2276	2054	1980	2128	2276	2472	2424	2128	1832	1684

采用 MOPSO 算法和 IMORBHPSO 算法,并根据带等式约束的帕累托占优条件,分别得到了相应的帕累托最优前沿,结果如图 5-4 所示。两种算法的结果比较(折中最优解、最小值、最大值、平均值、均方差)见表 5-6。其中,由 IMORBHPSO 算法得到的折中最优解的火电机组有功出力值、水电机组有功出力值、各时刻的发电流量和库容值分别见表 5-7、表 5-8 和表 5-9。

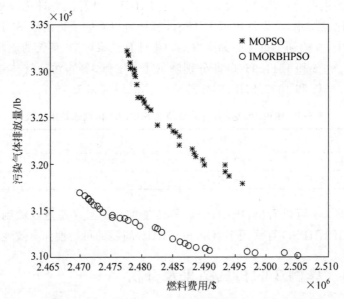

图 5-4 采用算法 MOPSO 和 IMORBHPSO 得到的帕累托最优前沿

表 5-6 采用 MOPSO 算法和 IMORBHPSO 算法所得结果比较(算例 2)

燃料费用/$	折中最优费用	最小费用	最大费用	平均费用	均方差
MOPSO	2486044.83	2474269.14	2487064.44	2479572.40	3876.76
IMOBHPSO	2484973.16	2467421.28	2479752.51	2474350.57	4020.79
污染排放量/lb	折中最优排放量	最小排放量	最大排放量	平均排放量	均方差
MOPSO	321990.30	311833.55	325955.97	317554.66	4254.75
IMOBHPSO	312085.19	308549.18	314323.88	311859.01	1845.52

表 5-7 采用 IMORBHPSO 算法得到的折中最优解的火电机组有功出力(算例 2)

MW

小时	P_{s1}	P_{s2}	P_{s3}	P_{s4}	P_{s5}	P_{s6}	P_{s7}	P_{s8}	P_{s9}	P_{s10}	$\sum P_s$
1	150.000	135.000	76.236	176.364	223.934	160.000	129.999	119.999	63.310	27.715	1262.557
2	150.008	135.031	75.864	188.656	239.126	160.000	130.000	120.000	75.404	41.687	1315.776
3	150.000	148.586	178.499	241.078	242.998	160.000	130.000	120.000	79.797	54.764	1505.723
4	150.000	194.291	263.025	235.333	243.000	160.000	130.000	120.000	80.000	55.000	1630.649
5	150.000	200.853	246.708	300.000	243.000	160.000	130.000	120.000	80.000	55.000	1685.561
6	150.000	217.161	295.063	300.000	243.000	160.000	130.000	120.000	80.000	55.000	1750.224
7	169.574	290.204	295.997	300.000	243.000	160.000	130.000	120.000	80.000	55.000	1843.776
8	150.138	236.718	340.000	300.000	243.000	160.000	130.000	120.000	80.000	55.000	1814.856
9	226.300	338.574	340.000	300.000	243.000	160.000	130.000	120.000	80.000	55.000	1992.874
10	254.680	356.273	340.000	300.000	243.000	160.000	130.000	120.000	80.000	55.000	2038.953

续表

小时	P_{s1}	P_{s2}	P_{s3}	P_{s4}	P_{s5}	P_{s6}	P_{s7}	P_{s8}	P_{s9}	P_{s10}	$\sum P_s$
11	291.937	379.143	340.000	300.000	243.000	160.000	130.000	120.000	80.000	55.000	2099.080
12	323.764	403.056	340.000	300.000	243.000	160.000	130.000	120.000	80.000	55.000	2154.819
13	282.797	354.594	340.000	300.000	243.000	160.000	130.000	120.000	80.000	55.000	2065.391
14	234.413	300.714	340.000	300.000	243.000	160.000	130.000	120.000	80.000	55.000	1963.127
15	150.000	250.079	319.138	300.000	243.000	160.000	130.000	120.000	80.000	55.000	1807.216
16	170.827	224.982	171.698	263.534	243.000	160.000	130.000	120.000	80.000	55.000	1619.041
17	150.000	185.810	187.014	229.228	243.000	160.000	130.000	120.000	80.000	55.000	1540.052
18	150.796	227.983	194.406	281.683	243.000	160.000	130.000	120.000	80.000	55.000	1642.869
19	166.260	245.760	309.141	300.000	243.000	160.000	130.000	120.000	80.000	55.000	1809.162
20	245.306	314.943	340.000	300.000	243.000	160.000	130.000	120.000	80.000	55.000	1988.249
21	237.161	276.935	340.000	300.000	243.000	160.000	130.000	120.000	80.000	55.000	1942.096
22	150.000	226.185	248.468	248.928	243.000	160.000	130.000	120.000	80.000	55.000	1661.580
23	150.000	161.921	141.645	186.661	226.856	160.000	130.000	120.000	69.527	44.906	1391.518
24	150.000	135.602	127.543	147.857	218.569	160.000	127.481	119.215	58.337	38.358	1282.961

表 5-8　采用 IMORBHPSO 算法得到的折中最优解的水电机组有功出力（算例 2）

MW

小时	P_{h1}	P_{h2}	P_{h3}	P_{h4}	$\sum P_h$
1	75.609	50.423	16.242	131.169	273.443
2	63.204	68.272	35.727	127.022	294.224
3	71.471	58.337	0.000	122.470	252.277
4	83.655	61.022	13.943	116.732	275.351
5	79.528	57.438	0.000	157.473	294.439
6	78.224	53.821	38.334	207.397	377.776
7	60.264	55.692	20.098	222.170	358.224
8	79.044	67.548	40.140	274.412	461.144
9	76.024	59.257	21.743	274.102	431.126
10	87.574	73.258	34.584	287.632	483.047
11	86.655	74.319	43.584	302.362	506.920
12	87.393	70.101	40.632	297.055	495.181
13	83.372	74.725	48.270	300.243	506.609
14	73.538	60.900	40.782	285.654	460.873
15	86.660	71.925	29.804	280.395	468.784
16	87.081	69.149	44.952	233.776	434.959
17	86.066	56.010	51.612	246.260	439.948
18	77.540	70.510	52.910	284.171	485.131
19	64.278	71.792	55.631	275.137	466.838
20	76.858	56.974	55.326	294.593	483.751

续表

小时	P_{h1}	P_{h2}	P_{h3}	P_{h4}	$\sum P_h$
21	74.998	62.818	56.721	287.367	481.904
22	78.668	53.955	58.627	275.169	466.420
23	61.534	71.722	46.407	260.819	440.482
24	82.219	55.225	58.917	204.678	401.039

表 5-9　各时刻的发电流量和库容值（算例 2）

小时	Q_{h1} /($10^4\,\mathrm{m^3/h}$)	Q_{h2} /($10^4\,\mathrm{m^3/h}$)	Q_{h3} /($10^4\,\mathrm{m^3/h}$)	Q_{h4} /($10^4\,\mathrm{m^3/h}$)	V_{h1} /$10^4\,\mathrm{m^3}$	V_{h2} /$10^4\,\mathrm{m^3}$	V_{h3} /$10^4\,\mathrm{m^3}$	V_{h4} /$10^4\,\mathrm{m^3}$
1	7.984	6.040	24.208	6.172	102.016	81.960	153.892	116.628
2	6.156	9.014	19.981	6.116	104.859	80.946	142.112	112.912
3	7.231	7.133	28.939	6.091	105.628	82.813	125.157	108.421
4	9.300	7.409	22.078	6.107	103.328	84.404	117.275	102.314
5	8.703	6.752	26.797	8.105	100.625	85.653	109.724	118.417
6	8.564	6.162	16.126	11.889	99.061	86.490	114.031	126.508
7	5.889	6.466	20.597	11.740	101.172	86.025	112.546	143.707
8	8.567	8.483	15.432	16.980	101.605	84.541	114.429	148.805
9	7.980	7.038	19.812	15.619	103.625	85.503	107.668	159.982
10	10.000	9.493	16.448	17.454	104.625	85.011	107.253	158.654
11	9.667	9.804	11.214	19.433	106.958	84.206	113.502	159.819
12	9.802	9.108	15.652	19.196	107.156	83.099	116.887	156.055
13	8.949	10.357	10.730	19.694	109.206	80.742	129.317	156.173
14	7.293	7.602	17.928	17.676	113.913	82.139	133.996	154.945
15	9.266	9.663	20.598	17.886	115.646	81.477	134.455	148.274
16	9.316	9.272	16.939	12.171	116.330	80.205	137.166	151.755
17	9.144	7.015	14.211	13.673	116.186	80.190	141.824	148.812
18	7.800	10.113	14.670	18.442	116.386	76.077	148.133	148.297
19	6.059	11.097	13.189	16.626	117.327	71.980	154.361	152.269
20	7.720	8.040	14.334	19.989	115.606	71.940	155.842	149.220
21	7.468	9.134	13.862	19.795	115.138	71.806	160.152	143.636
22	7.995	7.365	12.742	18.452	115.143	73.441	168.227	139.853
23	5.729	11.471	19.274	16.932	118.414	69.970	165.461	136.110
24	8.414	7.970	12.591	10.444	120.000	70.000	170.000	140.000

对上述的仿真结果进行分析,可得如下结论:

(1) 由表 5-6 可以看出,相比于 MOPSO 算法,IMORBHPSO 算法所得折中最优解的燃料费用降低了 1071.67 \$,每天污染气体排放量减少了 9905.11lb;燃料费用函数的最小值、最大值、平均值分别降低了 6847.86 \$、7311.93 \$、5221.83 \$;

污染气体排放量函数的最小值、最大值、平均值分别减少了 3284.37lb、11632.09lb、5695.65lb。这充分体现了 IMORBHPSO 算法相比 MOPSO 算法在求解多目标 SOEEHS 问题中的优越性。

（2）从图 5-4 可知，IMORBHPSO 算法所得帕累托最优前沿中的所有解均优于 MOPSO 算法所得帕累托最优前沿中的所有解，即采用 IMORBHPSO 算法进行优化调度可以得到更低的燃料费用和更少的污染气体排放量。这表明 IMORBHPSO 算法所得帕累托最优前沿更接近于真实的最优帕累托最优前沿。

（3）通过表 5-7、表 5-8 和表 5-9 的结果可知，该 SOEEHS 问题的所有约束条件均得到满足，包括难以同时处理的发电流量限制约束、库容限制约束和动态水量平衡约束。这进一步验证了本章所提的处理梯级水电站复杂约束条件的启发式方法的正确性和有效性。

5.5　小结

本章建立了短期水火电系统环境经济优化调度（SOEEHS）问题的单目标优化模型和多目标优化模型，考虑了阀点效应、水流延迟、实时负荷平衡约束、发电出力限制约束、发电流量限制约束、库容限制约束、始末库容约束和动态水量平衡约束。由于梯级水电站的上下级水电站水流之间存在复杂的时间耦合性和空间相关性，使得发电流量限制约束、库容限制约束和动态水量平衡约束难以同时得到满足。针对这一难题，提出了处理梯级水电站复杂约束条件的启发式方法。

为验证启发式约束条件处理方法、改进的随机黑洞粒子群优化（IRBHPSO）算法和改进的多目标随机黑洞粒子群优化（IMORBHPSO）算法应用于 SOEEHS 问题中的可行性和有效性，对两个水火电测试系统进行了仿真计算，即一个典型水火电测试系统（含 4 个梯级水电站（共 4 台水电机组）和 3 个火电机组）和一个较大的水火电测试系统（含 4 个梯级水电站（共 4 个水电机组）和 10 个火电机组）。由仿真结果可知：

（1）梯级水电站的复杂约束均得到满足，充分表明了本章提出的约束条件启发式处理方法可以有效解决由于变量间时间耦合性和空间相关性而带来的同时处理发电流量限制约束、库容限制约束和动态水量平衡约束的难题。

（2）分别与近年来常用的且获得较大成功的进化规划法、差分进化算法、MOPSO 算法进行结果比较，得到以下结果。

① 在算例 1 中，相比于进化规划法和差分进化算法，采用 IRBHPSO 算法进行优化调度时，每天燃料费用分别降低了 4303.96＄和 1311.96＄（即分别降低了 9％和 3％），每天污染气体排放量分别减少了 8231.37lb 和 1522.37lb（即分别减少了 31.3％和 7.8％）。

② 在算例 2 中，相比于 MOPSO 算法，采用 IMORBHPSO 算法进行优化调度

时,每天燃料费用函数的最小值、最大值、平均值分别降低了 6847.86 \$ 、7311.93 \$ 、5221.83 \$ ；每天污染气体排放量函数的最小值、最大值、平均值分别减少了 3284.37lb、11632.09lb、5695.65lb；而且得到了更优的帕累托最优前沿,折中最优解的每天燃料费用降低了 1071.67 \$ 、每天污染气体排放量减少了 9905.11lb。

上述结果充分体现出 IRBHPSO 算法和 IMORBHPSO 算法在求解 SOEEHS 问题中的极大优越性(无论单目标优化模型还是多目标优化模型)。

第6章

长期水火电系统的优化调度

6.1 引言

为充分且合理地利用水电资源,降低系统内总燃料成本并减少总污染排放,提高系统的整体经济效益和社会效益,科学研究者一直致力于水火电系统(含水电站群)的优化调度研究。根据调度周期的长短,水火电系统的优化调度可分为长期优化调度和短期优化调度。其中,长期优化调度[122-124,126-127,150]在水资源开发、利用和管理中占据着十分重要的地位,它关系到全年各个时期尤其是汛期和枯水期的水库运行情况和全年水火电机组的启停及发电量安排情况,同时也是短期优化调度方案制定的基础。

然而,长期水火电系统优化调度问题有众多的难点,主要体现在以下几个方面:

(1)未来一年每个月的来水量和负荷值具有极大的不确定性。

(2)火电机组的燃料费用具有复杂的非线性。

(3)梯级水电站水流之间的时间耦合性和空间相关性(一般长期调度中可忽略时间耦合性,即不需考虑水流延迟)。

(4)多个具有复杂非线性的约束条件之间的互联性。

(5)变量决策空间非常大。

目前对于长期水火电系统优化调度的研究还很少涉及水库下游的农田灌溉和城市供水需求,更没有充分体现对于火电系统进行减排的要求。Martins 等[149]考虑了水火电系统的协调配合和传输线约束,建立了非线性优化模型,但是并没有区别对待来水量差别极大的汛期和枯水期调度情况,也没有考虑农田灌溉和城市供水的需求。王静[187]以水电调峰量最大建立了水火电系统的优化调度模型,对于提高火电经济运行效益起到一定的作用。但是,该模型没有考虑减排的要求,且仅进行了一周的调度,仍然不能体现来水量差别极大的汛期和枯水期调度差异以及对农田灌溉和城市供水的需求。

基于上述问题,本章考虑了汛期与非汛期水文的不同特点,并计及下游的农田灌溉和城市供水需求,建立了全年水电发电量最大化模型以及含燃料费用、启停费用和排污费的综合费用最小化模型,还考虑了阀点效应、防洪抗旱要求(如库容应满足防洪抗旱条件下最大和最小库容要求;下泄流量或断面流量也应满足相应的流量限制要求)、弃水量约束、始末库容约束和动态水量平衡等约束。

本章将改进的随机黑洞粒子群优化(IRBHPSO)算法运用到长期水火电系统优化调度问题中,为验证约束条件处理方法和 IRBHPSO 算法应用于长期水火电系统优化调度问题的可行性和有效性,对一个典型水火电测试系统进行了仿真计算(含有 10 个火电机组和 2 个梯级水电站)。

需要指出的是,本章的长期优化调度是指年调度(以一年为周期,以一月为单位进行调度)。在年优化调度中,我们将年径流过程的时间序列看作一个随机过程,在本章所建模型中,径流和负荷均采用预先预测好的数值。

6.2 长期水火电系统优化调度模型

一般而言,水火电系统的年优化调度是根据年度气象、水文预报、负荷预测、概率计算分析,把握雨季开始、集中与结束的时间,在满足系统安全、优质运行与可靠供电的前提下,对水火电机组进行优化组合,制订各水火电机组的发电量计划。本章建立的两种优化调度模型如下。

6.2.1 全年水电发电量最大化模型

1. 目标函数

其表达式如下:

$$\max \sum_{t=1}^{T} \sum_{j=1}^{N_h} P_{h,j,t} \Delta t \tag{6-1}$$

式中,T 为调度期内的时段数;N_h 为系统内水电机组个数;$P_{h,j,t}$ 为第 j 个水电机组 t 时段的平均有功出力;Δt 为第 t 个时段所包含的小时数。

该模型的优化目标为水电机组总发电量最大化,使得水库在全年总调度水量使用限制下,最大限度地发挥清洁能源的节能减排作用。

其中,水电有功出力一般采用如下两种方式进行计算。

(1) 方式一

采用方式一计算的水电有功出力为

$$P_{\mathrm{h},j,t} = 9.81\eta H_{j,t} Q_{j,t} \tag{6-2}$$

式中，η 为效率，包括发电机效率、水轮机效率、变压器效率等，一般取水轮机效率；$H_{j,t}$ 为水电机组 j 所在水库 t 时段的水头；$Q_{j,t}$ 为第 j 个水电机组 t 时段的发电流量。

（2）方式二

水电出力与发电流量和水头的关系为

$$P_{\mathrm{h},j,t} = f(Q_{j,t}, H_{j,t}) = s_{0j} + s_{1j}Q_{j,t} + s_{2j}H_{j,t} + s_{3j}Q_{j,t}H_{j,t} + s_{4j}Q_{j,t}^2 + s_{5j}H_{j,t}^2 \tag{6-3}$$

水库容量与水头的近似关系为

$$V_{j,t} = h_{0j} + h_{1j}H_{j,t} + h_{2j}H_{j,t}^2 + h_{3j}H_{j,t}^3 \tag{6-4}$$

将水库容量与水头的近似关系简化成线性关系，代入式（6-3）之后转化成如下的形式，即水电出力与发电流量和库容的关系为

$$P_{\mathrm{h},j,t} = c_{0j} + c_{1j}Q_{j,t} + c_{2j}V_{j,t} + c_{3j}Q_{j,t}V_{j,t} + c_{4j}Q_{j,t}^2 + c_{5j}V_{j,t}^2 \tag{6-5}$$

式中，$s_{0j}, s_{1j}, s_{2j}, s_{3j}, s_{4j}, s_{5j}$ 为水电出力与发电流量和水头的关系系数；$h_{0j}, h_{1j}, h_{2j}, h_{3j}$ 分别为水库容量与水头的关系系数；$V_{j,t}$ 为水电站 j 在时段 t 的库容；$c_{0j}, c_{1j}, c_{2j}, c_{3j}, c_{4j}, c_{5j}$ 分别为水电出力与发电流量和库容的关系系数。

2. 约束条件

（1）负荷平衡约束

其表达式如下：

$$\Delta t \sum_{i=1}^{N_{\mathrm{s}}} P_{\mathrm{s},i,t} + \Delta t \sum_{j=1}^{N_{\mathrm{h}}} P_{\mathrm{h},j,t} - P_{\mathrm{L},t} = P_{\mathrm{D},t} \tag{6-6}$$

式中，N_{s} 为系统内火电机组个数；$P_{\mathrm{s},i,t}$ 为第 i 个火电机组 t 时段的平均有功出力；$P_{\mathrm{L},t}$ 为系统在 t 时段的网损；$P_{\mathrm{D},t}$ 为系统在 t 时段的负荷值。

（2）平均发电出力限制约束

其表达式如下：

$$P_{\mathrm{s},i}^{\min} \leqslant P_{\mathrm{s},i,t} \leqslant P_{\mathrm{s},i}^{\max} \tag{6-7}$$

$$P_{\mathrm{h},j}^{\min} \leqslant P_{\mathrm{h},j,t} \leqslant P_{\mathrm{h},j}^{\max} \tag{6-8}$$

式中，$P_{\mathrm{s},i}^{\min}$ 为火电机组 i 的最小有功出力；$P_{\mathrm{s},i}^{\max}$ 为火电机组 i 的最大有功出力；$P_{\mathrm{h},j}^{\min}$ 为水电机组 j 的最小有功出力；$P_{\mathrm{h},j}^{\max}$ 为水电机组 j 的最大有功出力。

（3）水头限制约束

其表达式如下：

$$H_j^{\min} \leqslant H_{j,t} \leqslant H_j^{\max} \tag{6-9}$$

式中，$H_j^{\min}$ 为水电站 j 相应水库的最小水头；$H_j^{\max}$ 为水电站 j 相应水库的最大水头。

（4）库容限制约束

其表达式如下：

$$V_j^{\min} \leqslant V_{j,t} \leqslant V_j^{\max} \tag{6-10}$$

式中，$V_j^{\min}$ 为水电站 j 相应水库的库容下限；$V_j^{\max}$ 为水电站 j 相应水库的库容上限。

该约束用于体现汛期和非汛期对于水库容量的不同限制要求。

（5）发电流量限制约束

其表达式如下：

$$Q_j^{\min} \leqslant Q_{j,t} \leqslant Q_j^{\max} \tag{6-11}$$

式中，$Q_j^{\min}$ 为水电机组 j 的最小发电流量；$Q_j^{\max}$ 为水电机组 j 的最大发电流量；

（6）始末库容约束

其表达式如下：

$$\begin{cases} V_{j,t} \mid_{t=0} = V_{j0} \\ V_{j,t} \mid_{t=T} = V_{j,T} \end{cases} \tag{6-12}$$

式中，V_{j0} 为初始时刻水电站 j 相应水库的库容值；$V_{j,T}$ 为末端时刻水电站 j 相应水库的库容值；

（7）总调度水量积分方程

其表达式如下：

$$W - W_1 = W_g + W_s + W_a = \sum_{t=1}^{T} \sum_{j=1}^{N_h} (Q_{j,t} + W_{s,j,t} + W_{a,j,t}) \tag{6-13}$$

式中，W 为全年总调度水量；W_1 为水电站全年的弃水量；W_g 为水电站全年的发电用水量；W_s 为水电站全年的城市供水总量；W_a 为水电站全年的农田灌溉用水总量；$W_{s,j,t}$ 为水电站 j 在 t 时段提供的城市供水量；$W_{a,j,t}$ 为水电站 j 在 t 时段提供的农田灌溉用水量。

该约束用以保证在全年总调度水量给定的情况下，弃水量最小，并合理安排各水电站在各时段的发电流量、城市供水量和农田灌溉用水量。

（8）城市供水量和农田灌溉用水量约束

其表达式如下：

$$W_{s,j,t}^{\min} \leqslant W_{s,j,t} \leqslant W_{s,j,t}^{\max} \tag{6-14}$$

$$W_{a,j,t}^{\min} \leqslant W_{a,j,t} \leqslant W_{a,j,t}^{\max} \tag{6-15}$$

式中，$W_{s,j,t}^{\min}$ 为水电站 j 在 t 时段提供的最小城市供水量；$W_{s,j,t}^{\max}$ 为水电站 j 在 t 时段提供的最大城市供水量；$W_{a,j,t}^{\min}$ 为水电站 j 在 t 时段提供的最小农田灌溉用水量；$W_{a,j,t}^{\max}$ 为水电站 j 在 t 时段提供的最大农田灌溉用水量。

该约束用于满足水电站群下游各省的用水要求。

（9）下泄流量约束

其表达式如下：

$$W_{r,j,t}^{\min} \leqslant W_{r,j,t} \leqslant W_{r,j,t}^{\max} \tag{6-16}$$

式中，$W_{r,j,t}^{\min}$ 为水电站 j 在 t 时段释放到下游省份的最小水量；$W_{r,j,t}$ 为水电站 j 在 t 时段释放到下游省份的水量；$W_{r,j,t}^{max}$ 为水电站 j 在 t 时段释放到下游省份的最大水量。

该约束表明的是上游省份水电站释放到下游省份的水量需要在一定的给定范围内,比如用于满足防洪、抗旱、防凌所要求的断面流量。

(10) 弃水量(即水量损失)约束

其表达式如下:

$$W_{1,j,t} \geqslant 0 \tag{6-17}$$

式中,$W_{1,j,t}$ 为水电站 j 在 t 时段的弃水量。

(11) 动态水量平衡约束

针对整个调度周期而言,其表达式为

$$V_{j0} = V_{j,T} + \sum_{t=1}^{T} I_{j,t} - \sum_{t=1}^{T} (Q_{j,t} + W_{1,j,t} + W_{a,j,t} + W_{s,j,t}) +$$

$$\sum_{t=1}^{T} \sum_{m=1}^{N_{u,j}} (Q_{m,t} + W_{1,m,t} + W_{a,m,t} + W_{s,m,t}) \tag{6-18}$$

针对时段 t 而言,其表达式为

$$V_{j,t} = V_{j,t-1} + I_{j,t} - Q_{j,t} - W_{1,j,t} - W_{a,j,t} - W_{s,j,t} +$$

$$\sum_{m=1}^{N_{u,j}} (Q_{m,t} + W_{1,m,t} + W_{a,m,t} + W_{s,m,t}) \tag{6-19}$$

式中,$I_{j,t}$ 为水电机组 j 在时段 t 的为天然来水量；$N_{u,j}$ 为与水电机组 j 直接相连的上游水电机组个数。

6.2.2　计及燃料费用、启停费用和排污费的综合费用最小化模型

(1) 目标函数

其表达式如下:

$$\min[F_c + F_s + h(P_{Ds}) \times F_e] \tag{6-20}$$

$$F_c = \sum_{t=1}^{T} \sum_{i=1}^{N_s} [F_{c,i,t}(P_{s,i,t}) U_{s,i,t}] \tag{6-21}$$

$$F_{c,i,t}(P_{s,i,t}) = a_i + b_i P_{s,i,t} + c_i P_{s,i,t}^2 + d_i \mid \sin[e_i(P_{s,i,t} - P_{s,i}^{min})] \mid \tag{6-22}$$

$$F_s = \sum_{t=1}^{T} \sum_{i=1}^{N_s} [S_{i,t}(T_{i,off}) U_{s,i,t}(1 - U_{s,i,t-1})] \tag{6-23}$$

$$S_{i,t}(T_{i,off}) = S_{i0}(1 - e^{-\frac{T_{i,off}}{\tau_i}}) + K_{u,i} \tag{6-24}$$

$$F_e = \sum_{t=1}^{T} \sum_{i=1}^{N_s} [F_{e,i,t}(P_{s,i,t}) U_{s,i,t}] \tag{6-25}$$

$$F_{e,i,t}(P_{s,i,t}) = \alpha_i + \beta_i P_{s,i,t} + \gamma_i P_{s,i,t}^2 + \delta_i e^{\lambda_i P_{s,i,t}} \tag{6-26}$$

式中，F_c 为火电机组全年的总燃料费用；F_s 为火电机组全年的启停费用；$h(P_{Ds})$ 为迭代费用惩罚系数，详见 5.2.3 节；F_e 为火电机组全年的污染气体排放量；$U_{s,i,t}$ 为火电机组 i 在 t 时段的开机状态，1 为开机，0 为停机；a_i,b_i,c_i 分别为火电机组 i 的燃料费用系数；d_i,e_i 分别为火电机组 i 的燃料费用（阀点效应部分）系数；$S_{i,t}$ 为火电机组的启停费用函数；$T_{i,off}$ 为火电机组 i 的停机时间；S_{i0} 为火电机组 i 的冷启动耗量；τ_i 为火电机组 i 对应锅炉的冷却时间常数；$K_{u,i}$ 为火电机组 i 启动汽机所用耗量；$\alpha_i,\beta_i,\gamma_i,\delta_i,\lambda_i$ 分别为火电机组 i 的污染气体排放量系数。

（2）约束条件

此模型的约束条件同全年水电发电量最大化模型中的约束条件。

6.3 约束条件处理方法

6.3.1 负荷平衡约束的处理

由于在长期水火电系统优化调度中考虑了机组的启停操作以及由此所引起的启停机费用，因此负荷平衡约束的处理与不考虑启停机费用时的有较大区别。具体的处理方法如下：

（1）设置初始时段 $t=1$。

（2）由 $\Delta P_{D,t} = \Delta t \sum_{i=1}^{N_s} P_{s,i,t} + \Delta t \sum_{j=1}^{N_h} P_{h,j,t} - P_{D,t}$ 计算 t 时段的负荷差值，若 $\Delta P_{D,t}>0$，继续；若 $\Delta P_{D,t}<0$，跳转至（5）；若 $\Delta P_{D,t}=0$，跳转至（6）。

（3）将能耗最大的火电机组出力降为最小出力，若 $\Delta P_{D,t}>0$ 且 $\Delta P_{D,t}$ 大于该能耗最大的火电机组最小出力，则将该火电机组出力降为 0，继续；若 $\Delta P_{D,t}>0$ 且 $\Delta P_{D,t}$ 小于或等于该能耗最大的火电机组最小出力，则继续。

（4）转向能耗较低的火电机组，重复（3），直至满足 $\Delta P_{D,t}=0$ 为止，并跳转至（6）。

（5）将没有满出力发电的火电机组按照能耗从低到高进行排序，优先使能耗低的火电机组增加出力，直至满足 $\Delta P_{D,t}=0$ 为止，并跳转至（6）。

（6）$t=t+1$，若 $t\leqslant T$，跳转至（2）；否则，结束。

6.3.2 动态水量平衡约束的处理

由于在长期水火电系统优化调度中考虑了城市供水量和农田灌溉用水量，所以在进行动态水量平衡约束的处理时，在短期水火电系统优化调度中动态水量平衡约束处理方法的基础上做了一定的调整，基本思路如下：

任意选择时刻 m，并根据动态水量平衡方程计算该时刻的发电流量，若该时刻发电流量不满足发电流量上下限约束限制时，首先调整城市供水量和农田灌溉用水量，若仍然无法满足约束限制时，则根据各水电机组发电流量上下限约束范围，增加或减小其他时刻的发电流量来调整本时刻的发电流量大小,即按照 5.3.3 节中短期水火电系统优化调度中动态水量平衡约束的处理方法进行调整。

6.3.3　处理库容限制约束的"冗余排序法"

对于长期水火电系统优化调度而言,全年各时段的来水量差别很大,则相应的库容改变量也很大,尤其是汛期和枯水期更为明显。针对年径流的这种特点,下面介绍一种适用于长期水火电系统优化调度中库容限制约束的启发式处理方法——"冗余排序法"。其基本思路为:当 t 时刻库容值越界时,首先调整 t 时刻的发电流量大小,若仍然无法满足约束时,则依次调整 t 时刻之前的各时刻发电流量大小(即根据所调整时刻的发电流量冗余量、所调整时刻与 t 时刻之间各时刻的库容冗余量来确定各时刻发电流量调整量),若经过调整后水库库容依然很大时,则只能进行弃水。

该方法具体的流程图如图 6-1 所示,具体步骤如下:

(1) 设置初始时刻 $t=1$。

(2) 设置水电站序号 $j=1$。

(3) 根据动态水量平衡方程,计算 t 时刻的库容值 $V_{j,t}$。若 $V_{j,t}<V_j^{\min}$,继续;若 $V_{j,t}>V_j^{\max}$,跳转至(6),否则,跳转至(9)。

(4) 当 $V_{j,t}<V_j^{\min}$ 时,优先考虑减小 t 时刻的发电流量 $Q_{j,t}$,重新计算库容值,若仍然 $V_{j,t}<V_j^{\min}$,则按照如下方法确定 $1:t-1$ 时刻的发电流量减小量:首先计算 $r:t-1$ 各时刻的库容冗余量(其中,$r=1:t-1$),即 $\Delta V_{j,r}=V_j^{\max}-V_{j,r}$;然后从中找出最小库容冗余量 $\Delta V_{j,\min}=\min_r\{\Delta V_{j,r}\}$;最后将 r 时刻的发电流量冗余量 $\Delta Q_{j,r}=Q_{j,r}-Q_j^{\min}$ 与最小库容冗余量进行比较,较小值即为 r 时刻的发电流量减小量,即 $\Delta Q_{j,r}=\min\{\Delta Q_{j,r},\Delta V_{j,\min}\}$,则 r 时刻的发电流量 $Q_{j,r}=Q_{j,r}-\Delta Q_{j,r}$,并重新计算库容值。

(5) 若 $V_{j,t}<V_j^{\min}$,$r=r+1$,跳转至(4);否则,跳转至(9)。

(6) 当 $V_{j,t}>V_j^{\max}$ 时,优先考虑增加 t 时刻的发电流量,重新计算库容值。若仍然 $V_{j,t}>V_j^{\max}$,则按照如下方法确定 $1:t-1$ 时刻的发电流量增加量:首先计算 $r:t-1$ 各时刻的库容冗余量(其中,$r=1:t-1$),即 $\Delta V_{j,r}=V_{j,r}-V_j^{\min}$;然后从中找出最小库容冗余量 $\Delta V_{j,\min}=\min_r\{\Delta V_{j,r}\}$;最后,将 r 时刻的发电流量冗余量 $\Delta Q_{j,r}=Q_j^{\max}-Q_{j,r}$ 与最小库容冗余量进行比较,较小值即为 r 时刻的发电流量增加量,即 $\Delta Q_{j,r}=\min\{\Delta Q_{j,r},\Delta V_{j,\min}\}$,则 r 时刻的发电流量 $Q_{j,r}=Q_{j,r}+\Delta Q_{j,r}$,并重新计算库容值。

(7) 若 $V_{j,t}>V_j^{\max}$,$r=r+1$,跳转至(6);否则,继续。

(8) 若始终无法满足约束时,表明水量太多,需要弃水操作,则 t 时刻的弃水量为 $W_{1,j,t}=V_j^{\max}-V_{j,t}$。

(9) $j=j+1$,若 $j\leqslant N_h$,跳转至(3)。

(10) $t=t+1$,若 $t\leqslant T$,跳转至(2);否则,结束。

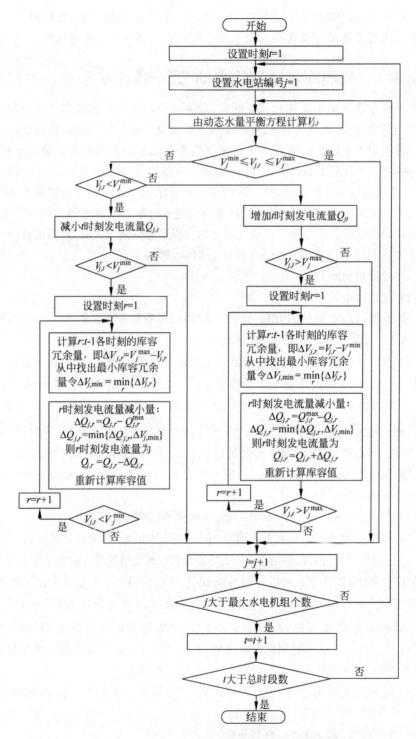

图 6-1 处理库容限制约束的"冗余排序法"框图

6.4 径流预测模型介绍

在水火电系统年优化调度问题,将年径流过程的时间序列视为一个随机过程,在所建立的确定性模型中的径流值均采用预先预测好的数值,该径流预测值是通过一般自回归模型或门限自回归模型来获取的。这两种径流预测模型已经相当成熟且得到了广泛应用,下面将对它们分别进行详细的描述。

6.4.1 一般自回归模型

一般自回归(AR)模型[113]认为径流各时段是相关的,但多个径流间却是没有联系的,即考虑其自相关性,而不考虑其互相关性。一般自回归模型之所以受到青睐,源自它们具有时间相依的非常直观的形式,同时建立的模型和具体应用都比较简单。一般自回归模型的表达式为

$$I_t = \bar{I} + \varphi_1(I_{t-1} - \bar{I}) + \varphi_2(I_{t-2} - \bar{I}) + \cdots + \varphi_p(I_{t-p} - \bar{I}) + \varepsilon_t \quad (6\text{-}27)$$

式中,I_t 为径流序列;$\bar{I}$ 为径流序列的平均值;φ_p 为自回归系数;p 为阶数,一般取 $p=2$ 或者 $p=3$,当 $p=1$ 时,便为简单的马尔可夫过程;ε_t 为独立随机变量。

令

$$z_t = \frac{I_t - \bar{I}}{\sigma} \quad (6\text{-}28)$$

式中,σ 为径流序列的均方差,则式(6-27)转变为如下标准形式的自回归模型:

$$z_t = \sum_{i=1}^{p} \varphi_i z_{t-i} + \varepsilon'_t \quad (6\text{-}29)$$

$$\varepsilon'_t = \frac{\varepsilon_t}{\sigma} \quad (6\text{-}30)$$

在式(6-29)两边同乘以 z_{t-k},并取期望值,进而将其简化为如下的自相关函数的形式:

$$\rho_k = \varphi_1 \rho_{k-1} + \varphi_2 \rho_{k-2} + \cdots + \varphi_p \rho_{k-p} \quad (6\text{-}31)$$

其中,

$$\rho_k = E(z_{t-k} z_t) \quad (6\text{-}32)$$

$$\varphi_k = \frac{\text{cov}(k)}{\sigma^2} \quad (6\text{-}33)$$

$$\text{cov}(k) = \frac{\sum_{i=1}^{n-k}(I_i - \bar{I})(I_{i+k} - \bar{I})}{n - k} \quad (6\text{-}34)$$

式中,ρ_k 为 k 阶自相关函数;$\text{cov}(k)$ 为自协方差;k 表示时间间隔。

式(6-31)也可采用矩阵形式表示,即"尤尔—沃尔克"(Yule-Walker)方程组:

$$
\begin{bmatrix} \rho_1 \\ \rho_2 \\ \vdots \\ \rho_p \end{bmatrix} = \begin{bmatrix} 1 & \rho_1 & \rho_2 & \cdots & \rho_{p-1} \\ \rho_1 & 1 & \rho_1 & \cdots & \rho_{p-2} \\ \vdots & \vdots & \vdots & \ddots & \vdots \\ \rho_{p-1} & \rho_{p-2} & \rho_{p-3} & \cdots & 1 \end{bmatrix} \begin{bmatrix} \varphi_1 \\ \varphi_2 \\ \vdots \\ \varphi_p \end{bmatrix}
\tag{6-35}
$$

可见,采用 AR 模型进行径流序列预测的关键在于对上述"尤尔—沃尔克"方程中参数的估计。下面简述一下 AR 模型预测径流序列的具体步骤:

(1) 根据径流序列 $\{I_i\}$,由式(6-27)~式(6-34)计算自相关函数 ρ_i。

(2) 根据式(6-35)的"尤尔—沃尔克方程"得出自相关系数 φ_i。

(3) 将 AR 模型中的独立随机变量 ε_t 当作"均值为 0,方差为 σ_ε^2 的正态分布",其中 $\{I_i\}$ 的方差 σ^2 与 ε_t 的方差 σ_ε^2 有如下关系:

$$
\sigma_\varepsilon^2 = \sigma^2 (1 - \varphi_1 \rho_1 - \varphi_2 \rho_2 - \cdots - \varphi_p \rho_p)
\tag{6-36}
$$

(4) 将所有的参数值代入 AR 模型中,便可得出径流序列的预测值。

6.4.2　门限自回归模型

门限自回归(TAR)模型[113]能有效地描述具有极限点、极限环(准周期性)、跳跃性、相依性和谐波等复杂现象的非线性动态系统。TAR 模型预测径流序列时,与 AR 模型相似,同样认为径流各时段是相关的,但多个径流间却是没有联系的。与 AR 模型所不同的是,TAR 模型设定了若干个门限值,该门限的控制作用保证了 TAR 模型的预测精度和适应性。因此,TAR 模型已经在径流序列预测中得到了广泛的应用。

采用 TAR 模型预测径流序列 $\{I_i\}$ 的基本思路为:通过 $L-1$ 个门限值($r(j)$,$j=1,2,\cdots,L-1$)将径流序列 $\{I_i\}$ 分成 L 个区间,并根据延迟步数 d 将序列 $\{I_i\}$ 按 $\{I_{i-d}\}$ 的大小分配到不同的门限区间,再对不同区间内的 I_i 采用不同的自回归 AR 模型来描述。这 L 个 AR 模型的综合构成了径流序列 $\{I_i\}$ 的非线性动态系统的完整描述。其一般形式为

$$
I_i = \begin{cases} b(1,0) + \sum\limits_{k=1}^{p_1} b(1,k) I_{i-k} + e(i,1), & r(0) < I_{i-d} \leqslant r(1) \\[2mm] b(2,0) + \sum\limits_{k=1}^{p_2} b(2,k) I_{i-k} + e(i,2), & r(1) < I_{i-d} \leqslant r(2) \\[2mm] \quad\vdots & \quad\vdots \\[2mm] b(j,0) + \sum\limits_{k=1}^{p_j} b(j,k) I_{i-k} + e(i,j), & r(j-1) < I_{i-d} \leqslant r(j) \\[2mm] \quad\vdots & \quad\vdots \\[2mm] b(L,0) + \sum\limits_{k=1}^{p_L} b(L,k) I_{i-k} + e(i,L), & r(L-1) < I_{i-d} \leqslant r(L) \end{cases}
$$

$$\tag{6-37}$$

其中，$r(0)=-\infty$，$r(L)=+\infty$；$b(j,k)$ 为第 j 个门限内 AR 模型的自回归系数；P_j 为第 j 个门限区间 AR 模型的阶数；$e(i,j)$ 为白噪声序列（即独立随机序列）；$r(j)$ 为门限值；d 为延迟步数；L 为门限值的个数。显然，当 $L=1$，$d=0$ 时即为 AR 模型。

采用 TAR 模型进行径流序列预测的具体步骤如下：

(1) 选择天然径流资料序列，最好是 50 年以上的数据资料，这样才更为准确。

(2) 确定延迟步数 d，计算该径流序列前 k 阶自相关系数值 $R(k)$（其中，k 是设定值，如令 $k=5$），并判断相关性是否显著，再根据显著的阶数来确定延迟步数。若径流序列个数为 n，则自相关系数值 $R(k)$ 可以用式(6-38)进行计算。

$$R(k)=\frac{\sum_{i=k+1}^{n}(I_i-\bar{I})(I_{i-k}-\bar{I})}{\sum_{i=1}^{n}(I_i-\bar{I})^2} \tag{6-38}$$

根据 $R(k)$ 的抽样分布理论，在置信水平为 $1-\alpha$ 的情况下，当自相关系数值满足式(6-39)～式(6-41)，径流序列相依性不显著。

$$R(k)\in[R_{\min}(k),R_{\max}(k)] \tag{6-39}$$
$$R_{\min}(k)=(-1-\mu_{\alpha/2}(n-k-1)^{0.5})/n-k \tag{6-40}$$
$$R_{\max}(k)=(-1+\mu_{\alpha/2}(n-k-1)^{0.5})/n-k \tag{6-41}$$

其中，分位值 $\mu_{\alpha/2}$ 可通过正态分布表进行查找。那么，各门限区间 AR 模型阶数应该满足 $P_j\leqslant d$。

(3) 绘制"点值图"，用于确定门限个数 L 和各门限值的初值（"点值图"是数理统计中常用的非线性检验方法，又称"条件数学期望估计法"）。分别以 I_{i-1}，I_{i-2}，…，I_{i-d} 为横坐标，相应的分别以 $E(I_i/I_{i-1})$，$E(I_i/I_{i-2})$，…，$E(I_i/I_{i-d})$ 为纵坐标，即可得到 d 个点值图，根据点值图的走势和分段情况，可以判定门限个数 L，并以转折点作为门限值的初值进行搜索。

(4) 在模型拟合误差最小的原则下，利用智能优化算法优化各门限值和各门限区间内的自回归系数 $b(j,k)$，目标函数如下（采用相对误差平方和最小）：

$$\min I(r(1),r(2),\cdots,r(L-1);b(j,k))=\sum_{i=1}^{n}((I_i'-I_i)/I_i)^2 \tag{6-42}$$

其中，$j=1,2,\cdots,L$；$k=0,1,\cdots,P_j$；I_i' 为 TAR 模型的估计值（即除去白噪声序列之外的所有项）。

6.5　仿真算例及结果分析

本节将改进的随机黑洞粒子群优化(IRBHPSO)算法运用到长期水火电系统优化调度问题中，在考虑阀点效应、污染气体的排污费、启停机费用、总调度水量要求、弃水操作、城市供水量和农田灌溉量约束、出力限制约束、发电流量限制约束、库容限制约束、始末库容约束和动态水量平衡约束的情况下,分别采用全年水电发电量最大化模型和综合费用最小化模型,对含有 10 个火电机组和 2 个梯级水电站(共含 9 个水电机组)的典型水火电系统进行仿真计算。以一年为周期,以一月为单位进行调度。

6.5.1　算例数据

在长期水火电系统优化调度问题中,不考虑水流延迟,这是因为在一般情况下,水流从上游水电站到达下游水电站的时间小于一个调度单位(一个月)。由于本问题中的火电机组停机时间超过一个调度单位,所以启停机费用采用冷启动费用。具体的火电机组参数(出力限制、燃料费用系数、污染气体排放量系数、冷启动费用)见表 A-1。

算例中的两个梯级水电站是位于黄河流域的大型水电站。其中,水电站 1 为年调节水电站,含有 4 个水电机组;水电站 2 为不完全年调节水电站,含有 5 个水电机组。具体的水库数据见表 A-2;全年各月的天然来水量见表 A-3;城市供水量和农田灌溉用水量要求见表 A-4;全年内各月的负荷值见表 A-5。

库容 $V_{j,t}$ 和上游水位 $H_{u,j,t}$ 的关系可以通过曲线拟合获得,拟合方程如下:

$$V_{j,t} = a_{u,j}H_{u,j,t}^3 + b_{u,j}H_{u,j,t}^2 + c_{u,j}H_{u,j,t} + d_{u,j} \tag{6-43}$$

式中,$a_{u,j}$,$b_{u,j}$,$c_{u,j}$,$d_{u,j}$ 分别为库容和上游水位的拟合方程系数。上游水位与库容的关系表和拟合方程参数表分别见表 A-6 和表 A-7。

本节算例采用的算法参数值见表 6-1。

表 6-1　算法参数表

p	ρ	N_{gen}^{max}	N_p
0.005	0.005	100	100

6.5.2　初始化

由于各水电站内的水电机组参数比较接近,为了便于计算,本节以水电站为个体对该水电站中的所有机组进行统一调度。对于长期水火电系统优化调度问题而言,粒子由调度期内各时段所有水电站的发电流量、弃水量、城市供水量、农田灌溉用水量和所有火电机组的出力组成。假如系统含有 N_h 个水电站,N_s 个火电机组,调度期内的时段数为 T,则粒子 QP 描述如下:

$$QP = \begin{bmatrix} Q_{11} & \cdots & Q_{N_h1} & W_{l11} & \cdots & W_{l,N_h1} & W_{s11} & \cdots & W_{s,N_h1} & W_{a11} & \cdots \\ \vdots & \ddots & \vdots & \vdots & \ddots & \vdots & \vdots & \ddots & \vdots & \vdots & \ddots \\ Q_{1T} & \cdots & Q_{N_h,T} & W_{l1,T} & \cdots & W_{l,N_h,T} & W_{s1,T} & \cdots & W_{s,N_h,T} & W_{a1,T} & \cdots \end{bmatrix}$$

$$\begin{bmatrix} W_{a,N_h 1} & P_{s11} & \cdots & P_{s,N_s 1} \\ \vdots & \vdots & \ddots & \vdots \\ W_{a,N_h,T} & P_{s1,T} & \cdots & P_{s,N_s,T} \end{bmatrix} \tag{6-44}$$

为满足火电出力限制约束、发电流量限制约束、粒子速度限制约束,初始种群的每个粒子按照下面的式(6-45)～式(6-48)进行初始化:

$$P_{s,i,t} = P_{s,i}^{\min} + \varepsilon_{i,t}(P_{s,i}^{\max} - P_{s,i}^{\min}) \tag{6-45}$$

$$Q_{j,t} = Q_j^{\min} + \mu_{j,t}(Q_j^{\max} - Q_j^{\min}) \tag{6-46}$$

$$v_{s,i,t} = \frac{\varepsilon_{i,t}(P_{s,i}^{\max} - P_{s,i}^{\min})}{\kappa_1} \tag{6-47}$$

$$v_{h,j,t} = \frac{\mu_{j,t}(Q_j^{\max} - Q_j^{\min})}{\kappa_2} \tag{6-48}$$

式中,$\mu_{j,t}$,$\varepsilon_{i,t}$ 为[0,1]区间上服从均匀分布的随机数;$v_{s,i,t}$ 为火电机组出力所对应的粒子速度;$v_{h,j,t}$ 为水电机组发电流量所对应的粒子速度;κ_1,κ_2 分别为设定的常数。

为满足城市供水量、农田灌溉用水量和弃水量约束,初始种群的每个粒子按照式(6-49)～式(6-51)进行初始化:

$$W_{s,j,t} = W_{s,j,t}^{\min} + \varepsilon_{s,j,t}(W_{s,j,t}^{\max} - W_{s,j,t}^{\min}) \tag{6-49}$$

$$W_{a,j,t} = W_{a,j,t}^{\min} + \mu_{a,j,t}(W_{a,j,t}^{\max} - W_{a,j,t}^{\min}) \tag{6-50}$$

$$W_{l,j,t} = 0 \tag{6-51}$$

式中,$\varepsilon_{s,j,t}$,$\mu_{a,j,t}$ 分别为[0,1]区间上服从均匀分布的随机数。

6.5.3 仿真结果及分析

根据建立的长期水火电系统全年水电发电量最大化模型和计及燃料费用、启停费、排污费的全年综合费用最小化模型,采用 IRBHPSO 算法对上述的典型水火电系统进行了仿真计算。其中,算例 1 采用的是全年水电发电量最大化模型,算例 2 采用的是计及燃料费用、启停费和排污费的全年综合费用最小化模型。算例 1 和算例 2 的结果比较见表 6-2;水电机组的平均发电流量和平均有功出力分别见表 6-3 和表 6-4,火电机组平均有功出力分别见表 6-5 和表 6-6,城市供水和农田灌溉用水量见表 6-7。图 6-2 和图 6-3 分别为算例 1 和算例 2 的水火电机组月发电量对比图,图 6-4 和图 6-5 分别为算例 1 和算例 2 下的水库容量对比图和水位对比图。

表 6-2 两种算例下的结果比较

仿真算例	年燃料费用/万元	年污染气体排放量/吨	启停费/万元	年水电发电量/亿千瓦时	年弃水量/亿立方米
算例 1	348352.9	69195.5	219.4	136.921	0
算例 2	342694.9	44172.2	219.4	132.268	0

表 6-3　两种算例下的水电机组平均发电量　　　　　　　m³/s

仿真算例	水电站	1 月	2 月	3 月	4 月	5 月	6 月
算例 1	水电站 1	0.00	11.08	298.90	147.07	712.43	55.77
	水电站 2	314.16	651.14	570.81	858.89	962.31	576.99
算例 2	水电站 1	72.11	507.79	351.71	502.22	363.29	658.82
	水电站 2	979.58	558.07	411.24	592.37	638.14	1096.84

仿真算例	水电站	7 月	8 月	9 月	10 月	11 月	12 月
算例 1	水电站 1	570.02	1027.89	1100.31	1086.22	1113.60	1113.60
	水电站 2	1429.39	1674.90	1690.6	1475.76	1454.11	1655.61
算例 2	水电站 1	355.34	521.74	590.45	843.51	958.94	829.20
	水电站 2	1297.26	1533.66	1611.84	1255.03	1380.39	1436.89

表 6-4　两算例下的水电机组平均有功出力　　　　　　　MW

仿真算例	水电站	1 月	2 月	3 月	4 月	5 月	6 月
算例 1	水电站 1	0.000	12.616	338.958	168.121	801.360	63.662
	水电站 2	272.860	532.470	469.263	640.636	738.894	433.678
算例 2	水电站 1	81.275	563.406	387.766	549.238	396.964	710.617
	水电站 2	760.438	456.250	351.08	522.466	569.798	979.378

仿真算例	水电站	7 月	8 月	9 月	10 月	11 月	12 月
算例 1	水电站 1	666.629	1208.569	1280.000	1242.551	1229.876	1176.575
	水电站 2	1074.487	1350.000	1350.000	1317.234	1298.382	1350.000
算例 2	水电站 1	397.803	600.629	694.237	974.924	1078.461	906.208
	水电站 2	1144.310	1350.000	1350.000	1120.621	1218.904	1205.821

表 6-5　火电机组平均有功出力(算例 1)　　　　　　　MW

月份	机 组 编 号									
	1	2	3	4	5	6	7	8	9	10
1 月	600.0	600.0	600.0	600.0	300.0	300.0	63.7	55.4	24.7	12.1
2 月	505.3	600.0	600.0	520.6	80.0	80.0	0.0	0.0	0.0	0.0
3 月	600.0	599.2	600.0	600.0	94.7	98.6	44.6	44.6	20.0	10.0
4 月	587.3	564.4	600.0	561.2	92.4	90.1	47.3	47.1	22.5	11.2
5 月	276.6	504.8	467.3	489.6	80.0	80.0	0.0	0.0	0.0	0.0
6 月	600.0	600.0	600.0	600.0	300.0	300.0	66.8	71.1	20.0	10.0
7 月	450.6	557.1	521.9	480.8	80.0	80.0	40.0	40.0	20.0	0.0
8 月	321.7	374.0	524.6	508.5	0.0	0.0	0.0	0.0	0.0	0.0
9 月	150.0	150.0	421.6	502.2	0.0	80.0	0.0	0.0	0.0	0.0
10 月	150.0	173.1	379.2	409.3	0.0	0.0	0.0	0.0	0.0	0.0
11 月	192.2	390.0	386.6	439.3	0.0	0.0	0.0	0.0	0.0	0.0
12 月	150.0	170.8	569.5	592.1	0.0	0.0	0.0	0.0	0.0	0.0

表 6-6　火电机组平均有功出力（算例 2）　　　　　MW

月份	机组编号									
	1	2	3	4	5	6	7	8	9	10
1月	600.0	600.0	461.8	463.7	101.2	235.6	47.3	47.3	20.0	10.0
2月	257.8	528.4	500.0	385.0	80.0	80.0	40.0	40.0	0.0	0.0
3月	600.0	600.0	600.0	600.0	161.7	109.3	40.0	40.0	20.0	10.0
4月	548.4	569.8	520.0	482.4	80.0	80.0	40.0	40.0	0.0	0.0
5月	539.6	550.5	539.8	544.6	137.1	80.0	40.0	40.0	0.0	0.0
6月	356.2	509.7	510.0	519.3	0.0	80.0	0.0	0.0	0.0	0.0
7月	509.9	597.2	584.7	537.5	80.0	80.0	40.0	40.0	0.0	0.0
8月	462.1	569.7	564.7	580.2	80.0	80.0	40.0	40.0	0.0	0.0
9月	428.7	304.0	401.9	485.0	80.0	80.0	40.0	40.0	20.0	10.0
10月	150.0	279.6	466.9	519.2	80.0	80.0	0.0	0.0	0.0	0.0
11月	296.9	423.9	381.4	376.7	80.0	80.0	0.0	0.0	0.0	0.0
12月	428.7	465.4	492.8	350.0	80.0	80.0	0.0	0.0	0.0	0.0

表 6-7　城市供水和农田灌溉用水量　　　　　$10^9 \, m^3$

仿真算例	水电站	1月	2月	3月	4月	5月	6月
算例 1	水电站 1	0.20	0.20	0.22	0.38	0.30	0.20
	水电站 2	0.80	0.87	0.98	1.78	1.37	0.82
算例 2	水电站 1	0.20	0.20	0.22	0.38	0.30	0.20
	水电站 2	0.80	0.82	0.92	1.56	1.42	0.88
仿真算例	水电站	7月	8月	9月	10月	11月	12月
算例 1	水电站 1	0.15	0.14	0.30	0.34	0.29	0.23
	水电站 2	0.70	0.61	1.40	1.49	1.36	0.92
算例 2	水电站 1	0.15	0.14	0.30	0.34	0.29	0.23
	水电站 2	0.65	0.61	1.28	1.55	1.23	0.93

对上述结果进行分析，可得如下结论：

（1）通过对表 6-2、表 6-5 和表 6-6 的结果进行对比，不难发现，在算例 1 中，火电机组 6、7、8、9、10 分别启停 1 次、2 次、2 次、2 次、2 次；在算例 2 中，火电机组 5、7、8、9、10 分别启停 1 次、2 次、2 次、2 次、2 次，所需的总启停费用相同，弃水量均为 0。算例 1 的全年水电总发电量相比算例 2 高出 4.653 亿 kW·h；而算例 2 的全年总燃料费用、全年总污染气体排放量相比算例 1 分别降低了 5658 万元、减少了 25023.3 吨。由此可以看出，优化模型中目标函数的选取直接影响优化调度的结果。

（2）对比图 6-2 和图 6-3 中的水电发电量可以看出，算例 1 的水电发电量较多且电量在全年的分布不太均匀；算例 2 的水电发电量较少且电量在全年的分布较为均匀。从表 6-5 和表 6-6 可以看出，相比于算例 1，算例 2 中大火电机组（低耗能、低污染机组）承担了较多的火电发电量，这就解释了算例 2 虽然火电总发电量大,但是总燃料费用和总污染气体排放量却较低的原因。

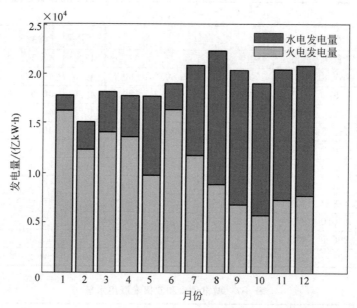

图 6-2　火电机组月发电量和水电机组月发电量对比图(算例 1)

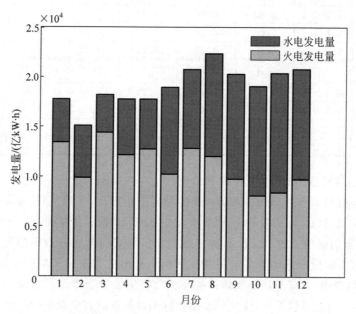

图 6-3　火电机组月发电量和水电机组月发电量对比图(算例 2)

(3) 从图 6-2 和图 6-3 可知,从 7 月份开始水电机组的发电量明显增加,这与黄河流域 7 月份进入汛期是密切相关的。

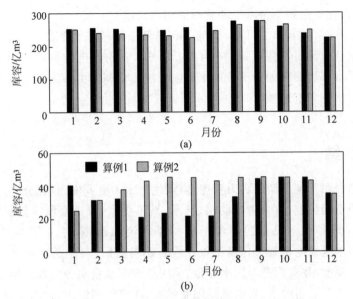

图 6-4　算例 1 和算例 2 的水库容量对比图

（a）两种算例下水库 1 的库容值；（b）两种算例下水库 2 的库容值

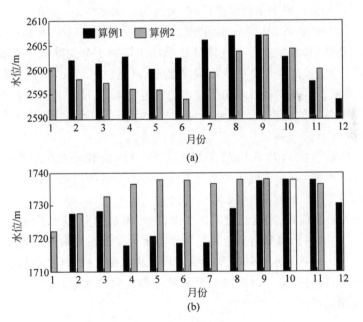

图 6-5　算例 1 和算例 2 的水库水位对比图

（a）两种算例下水库 1 的水位值；（b）两种算例下水库 2 的水位值

（4）由表 6-7 可以看出，相比于发电用水量，城市供水和农田灌溉用水量所占比例较小（约占发电用水量的 10%），但不可忽略，是水利调度部门极为关注的部分,因为它直接关系到下游城市和农村的用水问题。

(5) 由图 6-4 和图 6-5 可知,算例 1 和算例 2 所得库容值满足库容限制约束,而相应的水位也满足其约束限制;由表 6-3 可以看出发电流量满足约束限制。这充分说明了本章所提出的用于长期水火电系统优化调度中梯级水电站复杂约束处理方法的正确性和有效性。

6.6 小结

为合理利用并统一调配水力资源,协调优化水火电调度,且充分考虑汛期与非汛期水文的不同特点,综合考虑防洪、抗旱、城市供水、农田灌溉等问题,本章采用一般自回归模型或门限自回归模型获得年径流预测值,建立了两种确定性模型——全年水电发电量最大化模型以及包含燃料费用、启停费用和排污费的综合费用最小化模型,并根据全年用水总量,采用总调度水量积分方程。模型中不仅考虑了常规的负荷平衡约束、发电流量限制约束、库容限制约束、动态水量平衡约束,而且还添加了城市供水和农田灌溉用水量约束、弃水量约束,使模型与实际情况更吻合。最后,通过一个典型水火电测试系统(含 10 个火电机组和 2 个梯级水电站)分别进行了两种优化模型下的仿真计算,通过对比优化结果,可知:

(1) 算例 1 的全年水电总发电量相比算例 2 高出 4.653 亿 kW·h;而算例 2 的全年总燃料费用、全年总污染气体排放量相比算例 1 分别降低了 5658 万元、减少了 25023.3 吨,虽然算例 2 中水电发电量小、火电发电量大,但是算例 2 中大火电机组(低耗能、低污染机组)承担了较多的火电发电量,所以它所获得的总燃料费用和总污染气体排放量较低。由此可以看出,优化调度模型的目标函数直接影响调度结果。

(2) 虽然城市供水和农田灌溉用水量所占比例较小(约占发电用水量的10%),但不可忽略,因为它直接关系到下游城市和农村的用水问题,备受水利调度部门的关注。

(3) 出力限制约束、发电流量限制约束、库容限制约束、水头限制约束、弃水量约束、城市供水和农田灌溉用水量约束和动态水量平衡约束均得到满足,这充分说明了本章所提出的梯级水电站复杂约束处理方法可以有效地运用到长期水火电系统优化调度中,同时验证了改进随机黑洞粒子群优化算法在长期水火电系统优化调度中的应用是可行且有效的。

第7章

含新能源及P2M的综合能源
系统优化调度

7.1 引言

在"双碳"背景下,低碳化进程必将进一步加快,新能源也会迎来飞速发展,但是由于风电、光伏等新能源的间歇性与波动性,以及电网系统调峰能力的不足,导致弃风和弃光现象突出。为解决弃风及弃光问题,近年来国内外均进行了大量的相关研究。随着电网与天然气网络的联系日益紧密以及电转气技术的进一步成熟[157-158,188],为含新能源及电转气的综合能源系统的发展奠定了基础。目前,最常见的电转气设备是电转甲烷(P2M)的设备,含新能源及 P2M 的电-气综合能源系统的示意图如图 7-1 所示。从图中可以看出,该系统一方面可以使电网中消纳不了的新能源转化为甲烷存储在储气罐或者天然气系统中,且注入的甲烷没有比例要求,提高了新能源的消纳量,减少了弃风及弃光;另一方面,天然气达到了容量补充,在一定程度上可以解决天然气短缺问题,还可以进一步转化为热能或者电能[159],尤其是可以作为电网的调峰资源使用,弥补电网调峰不足的短板。因此可以看出,含新能源及电转气的综合能源系统充分发挥了能源间互补互济的作用,达到了系统总体效益的提升。

由于在甲烷化过程中消耗了二氧化碳,因此可以认为电转甲烷在一定程度上降低了碳排放。P2M 相当于电网的电负荷和天然气系统的气源,同时,燃气轮机通过天然气发电,相当于天然气系统的气负荷和电网的电源。由此可以看出,电网和天然气系统通过 P2M 和燃气轮机实现能量的互联互通和互补互济,耦合度极

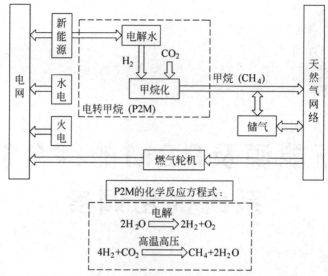

图 7-1　含新能源及 P2M 的综合能源系统示意图

高,因此,P2M 的加入必然会对综合能源系统的优化运行产生影响,尤其是经济效益和环境效益上的影响。虽然目前国内外已经针对含 P2M 的电-气综合能源系统展开了大量研究[160-166],但仍然不成熟、不完善。

　　本章首先针对只含有新能源和 P2M 的电-气综合能源系统[189],建立优化调度模型;然后针对不同类别的约束条件,给出相应的约束处理方法,并给出上述模型的智能优化算法求解过程;最后通过多个仿真算例进行模型及算法的验证和结果的对比分析。

7.2　含新能源及 P2M 的电-气综合能源系统环境经济优化调度模型

　　考虑到节能减排、绿色低碳的含新能源及 P2M 的电-气综合能源系统的优化调度问题是一个非凸、非线性、多目标及含有多个耦合约束的复杂问题,因此,本章所建立的模型将其分为两个部分:电网的优化运行和天然气系统的优化运行以及电-气综合能源系统的耦合与协调运行。其目标函数、约束条件以及约束的处理方法分别介绍如下。

7.2.1　考虑 P2M 的电力系统环境经济优化调度

1. 目标函数

(1) 运行成本最小

其表达式为

$$\min \quad F_{\mathrm{p}} = \sum_{i=1}^{N_{\mathrm{G}}} \sum_{t=1}^{T} a_i P_{\mathrm{G},i}(t)^2 + b_i P_{\mathrm{G},i}(t) + c_i \tag{7-1}$$

（2）污染物排放量最小

其表达式为

$$\min \quad E_{\mathrm{SO}_x} = \sum_{i=1}^{N_{\mathrm{G}}} \sum_{t=1}^{T} (\alpha_i + \beta_i P_{\mathrm{G},i}(t) + \gamma_i P_{\mathrm{G},i}(t)^2 + \delta_i \mathrm{e}^{\lambda_i P_{\mathrm{G},i}(t)}) \tag{7-2}$$

（3）电网的失负荷率最小

其表达式为

$$\min \quad L_{\mathrm{p}} = \frac{\displaystyle\sum_{t=1}^{T} \left[P_{\mathrm{L}}(t) + \sum_{k=1}^{N_{\mathrm{P2M}}} P_{\mathrm{P2M},k}(t) - \sum_{i=1}^{N_{\mathrm{G}}} P_{\mathrm{G},i}(t) \right]}{\displaystyle\sum_{t=1}^{T} P_{\mathrm{L}}(t)} \tag{7-3}$$

当 $P_{\mathrm{G},i}$ 表示燃气轮机出力时，其大小与送入燃气轮机的天然气流量之间的关系满足：

$$P_{\mathrm{G},i}(t) = Q_{\mathrm{GT}}(t) \eta_{\mathrm{GT}}(t) \mathrm{HHV}_{\mathrm{g}} \tag{7-4}$$

由于在电网中，可靠性尤为重要，一般在优化调度中，会将第三个目标函数，即失负荷率作为一个约束条件，即转变为式（7-5）。

$$L_{\mathrm{p}} = \frac{\displaystyle\sum_{t=1}^{T} \left[P_{\mathrm{L}}(t) + \sum_{k=1}^{N_{\mathrm{P2M}}} P_{\mathrm{P2M},k}(t) - \sum_{i=1}^{N_{\mathrm{G}}} P_{\mathrm{G},i}(t) \right]}{\displaystyle\sum_{t=1}^{T} P_{\mathrm{L}}(t)} \leqslant \varepsilon \tag{7-5}$$

式中，F_{p} 为电网运行的燃料成本；N_{G} 为机组个数；T 为小时数；$P_{\mathrm{G},i}(t)$ 为 t 时刻发电机组 i 的发电功率；a_i,b_i,c_i 分别为机组 i 燃料成本的系数；E_{SO_x} 为污染物排放量；$\alpha_i,\beta_i,\gamma_i,\delta_i,\lambda_i$ 为机组 i 污染物排放量的系数；L_{p} 为表征电网可靠性的失负荷率；N_{P2M} 为P2M个数；$P_{\mathrm{L}}(t)$ 为 t 时刻的电负荷；$P_{\mathrm{P2M}}(t)$ 为 t 时刻 P2M（消纳新能源）的功率；$Q_{\mathrm{GT}}(t)$ 为 t 时刻注入燃气轮机的天然气流量；$\mathrm{HHV}_{\mathrm{g}}$ 为天然气的高热值；$\eta_{\mathrm{GT}}(t)$ 为 t 时刻的能量转化效率；ε 为失负荷率的限制值（一般直接给定）。

2. 约束条件

（1）出力约束

其表达式为

$$P_{\mathrm{G},i}^{\min} \leqslant P_{\mathrm{G},i}(t) \leqslant P_{\mathrm{G},i}^{\max} \tag{7-6}$$

（2）爬坡约束

其表达式为

$$\begin{cases} P_{\mathrm{G},i}(t) \geqslant \max\{P_{\mathrm{G},i}^{\min}, P_{\mathrm{G},i}(t-1) - \Delta P_{\mathrm{G},i}^{\mathrm{down}}\}, & P_{\mathrm{G},i}(t) \leqslant P_{\mathrm{G},i}(t-1) \\ P_{\mathrm{G},i}(t) \leqslant \min\{P_{\mathrm{G},i}^{\max}, P_{\mathrm{G},i}(t-1) + \Delta P_{\mathrm{G},i}^{\mathrm{up}}\}, & P_{\mathrm{G},i}(t) \geqslant P_{\mathrm{G},i}(t-1) \end{cases}$$

$$\tag{7-7}$$

（3）线路容量约束

其表达式为

$$S_l(t) \leqslant S_l^{\max} \tag{7-8}$$

式中，$P_{G,i}^{\min}$ 为机组 i 的最小出力；$P_{G,i}^{\max}$ 为机组 i 的最大出力；$\Delta P_{G,i}^{\text{up}}$ 为机组 i 的向上爬坡速率限制；$\Delta P_{G,i}^{\text{down}}$ 为机组 i 的向下爬坡速率限制；$S_l(t)$ 为 t 时刻线路 l 的容量；$S_l^{\max}$ 为线路 l 的最大容量。

7.2.2　考虑 P2M 的天然气系统低碳经济优化运行

1. 目标函数

（1）天然气系统运行费用最小

其表达式为

$$\min \quad C_{\text{well}} + C_{\text{gs}} + C_{\text{P2M}} - S_{\text{P2M}} \tag{7-9}$$

$$C_{\text{well}} = \sum_{n=1}^{N_{\text{w}}} \sum_{t=1}^{T} Q_{\text{w},n}(t) u_{\text{w},n}(t) \tag{7-10}$$

$$C_{\text{gs}} = \sum_{m=1}^{N_{\text{gs}}} \sum_{t=1}^{T} Q_{\text{gs},m}(t) u_{\text{gs},m}(t) \tag{7-11}$$

$$C_{\text{P2G}} = \sum_{k=1}^{N_{\text{P2G}}} \sum_{t=1}^{T} P_{\text{P2M},k}(t) u_{\text{P2M},k} \tag{7-12}$$

$$S_{\text{P2M}} = \sum_{k=1}^{N_{\text{P2M}}} \sum_{t=1}^{T} Q_{\text{P2M},k}(t) u_{\text{ave}}(t) \tag{7-13}$$

式中，C_{well} 为气源点运行费用；C_{gs} 为储气装置的运行费用；C_{P2M} 为 P2M 的运行费用；S_{P2M} 为由于 P2M 而节约的天然气费用；N_{w}、N_{gs} 分别表示气源点个数和储气装置个数；$Q_{\text{w},n}(t)$ 为 t 时刻气源点 n 的气体流量；$u_{\text{w},n}(t)$ 为 t 时刻气源点 n 的天然气单价；$Q_{\text{gs},m}(t)$ 为 t 时刻储气装置 m 的气体流量（流入取正值，流出取负值）；$u_{\text{gs},m}(t)$ 为 t 时刻储气装置 m 的储气单价；$u_{\text{P2M},k}$ 为第 k 个 P2M 的运行费用；$Q_{\text{P2M},k}(t)$ 为 t 时刻第 k 个 P2M 的气体流量；$u_{\text{ave}}(t)$ 为 t 时刻所有气源点的天然气单价均值。

（2）CO_2 排放量最小

其表达式为

$$\min \quad E_{CO_2} = \sum_{n=1}^{N_{\text{w}}} \sum_{t=1}^{T} E_{\text{w},n}(t) + \sum_{m=1}^{N_{\text{gs}}} \sum_{t=1}^{T} E_{\text{gs},m}(t) - \sum_{k=1}^{N_{\text{P2G}}} \sum_{t=1}^{T} E_{\text{P2M},k}(t) \tag{7-14}$$

式中，E_{CO_2} 为天然气系统的 CO_2 排放量；$E_{\text{w},n}(t)$ 为 t 时刻气源点 n 的 CO_2 排放量；$E_{\text{gs},m}(t)$ 为 t 时刻储气装置 m 的 CO_2 排放量；$E_{\text{P2M},k}(t)$ 为 t 时刻第 k 个 P2M 在甲烷化过程中吸收的 CO_2。

2. 约束条件

（1）气源点的流量约束

其表达式为

$$Q_{w,n}^{min} \leqslant Q_{w,n}(t) \leqslant Q_{w,n}^{max} \qquad (7\text{-}15)$$

式中，$Q_{w,n}^{min}$ 为气源点 n 的气体流量最小值；$Q_{w,n}^{max}$ 为气源点 n 的气体流量最大值。

（2）节点的气体压力约束

其表达式为

$$M_i^{min} \leqslant M_i(t) \leqslant M_i^{max} \qquad (7\text{-}16)$$

式中，$M_i(t)$ 为 t 时刻节点 i 的气体压力；M_i^{min} 为节点 i 的气体压力最小值；M_i^{max} 为节点 i 的气体压力最小值。

（3）管道的气体流量方程

天然气网络的运行必须满足流体力学质量守恒定律和伯努利方程（Bernoulli equation）。管道中的气体流量和节点的气体压力之间的关系满足[172]：

$$Q_{ij}(t) \mid Q_{ij}(t) \mid = C_{ij}(M_i(t)^2 - M_j(t)^2) \qquad (7\text{-}17)$$

$$Q_{ij}(t) = \frac{Q_{ij}^{in}(t) + Q_{ij}^{out}(t)}{2} \qquad (7\text{-}18)$$

式中，$Q_{ij}(t)$ 为 t 时刻管道 ij 的平均气体流量（管道 ij 连接着节点 i 和节点 j）；$Q_{ij}^{in}(t)$ 为 t 时刻管道 ij 注入的气体流量；$Q_{ij}^{out}(t)$ 为 t 时刻管道 ij 流出的气体流量；C_{ij} 为与管道 ij 的压缩因子、长度、直径、温度等因素有关的常数。

（4）管存方程

由于天然气的可压缩性，使得注入管道的气体流量与流出管道的气体流量可能不相等，会有部分天然气存储在管道中以备天然气负荷增高时使用，这种被直接存储于管道中的天然气容量被称为管存。管道 ij 的管存与该管道的平均气体压力以及管道自身参数有关，具体计算公式如下：

$$L_{ij}(t) = \omega_{ij} M_{ij}(t) \qquad (7\text{-}19)$$

$$M_{ij}(t) = \frac{M_i(t) + M_j(t)}{2} \qquad (7\text{-}20)$$

$$L_{ij}(t) = L_{ij}(t-1) + Q_{ij}^{in}(t) - Q_{ij}^{out}(t) \qquad (7\text{-}21)$$

式中，$L_{ij}(t)$ 为 t 时刻管道 ij 的管存；ω_{ij} 为与管道 ij 参数、压缩因子、气体密度和温度有关的常数。

（5）节点的气体流量方程

对每个节点而言，流入节点的气体流量与流出节点的气体流量是相等的，这一关系可以表示如下：

$$\sum_{n \in i} Q_{w,n}(t) + \sum_{m \in i} Q_{gs,m}(t) + \sum_{k \in i} Q_{P2M,k}(t) - \sum_{j \in Set\_I(i)} Q_{ij}^{in}(t) +$$

$$\sum_{j \in Set\_O(i)} Q_{ij}^{out}(t) - Q_{GT,i}(t) - Q_{L,i}(t) = 0 \qquad (7\text{-}22)$$

式中，$\sum\limits_{n \in i} Q_{w,n}(t)$ 为 t 时刻节点 i 处所有气源点的气体流量和；$\sum\limits_{m \in i} Q_{gs,m}(t)$ 为 t 时刻节点 i 处所有储气装置的气体流量和；$\sum\limits_{k \in i} Q_{P2M,k}(t)$ 为 t 时刻节点 i 处所有 P2M 的气体流量和；$Q_{GT,i}(t)$ 为 t 时刻节点 i 所有燃气轮机注入的气体流量；$Q_{L,i}(t)$ 为 t 时刻节点 i 处的气负荷；$Set\_I(i)$ 为将节点 i 作为管道输入节点的管道集合；$Set\_O(i)$ 为将节点 i 作为管道输出节点的管道集合。

(6) 储气装置的气体流量约束及容量约束

其表达式分别为

$$Q_{gs,m}^{\min} \leqslant Q_{gs,m}(t) \leqslant Q_{gs,m}^{\max} \tag{7-23}$$

$$V_m^{\min} \leqslant V_m(t) \leqslant V_m^{\max} \tag{7-24}$$

$$V_m(t) = V_m(t-1) + Q_{gs,m}(t) \tag{7-25}$$

式中，$Q_{gs,m}^{\min}$ 为储气装置 m 的气体流量最小值；$Q_{gs,m}^{\max}$ 为储气装置 m 的气体流量最大值；$V_m(t)$ 为 t 时刻储气装置 m 的容量；$V_m^{\min}$ 为 t 时刻储气装置 m 的容量最小值；$V_m^{\max}$ 为 t 时刻储气装置 m 的容量最大值。

(7) 压缩机

天然气系统中都会配置压缩机，其作用是增加气体压力用于气体在管道中的传输，使得气体可以顺利地运输到各个气负荷处。压缩机消耗的能量可以来源于通过压缩机的天然气，也可以来源于电力，在这里假设压缩机的能量消耗来自流经它的天然气，也就是说压缩机会消耗一定的天然气，那么，输入给压缩机的气体流量与从压缩机输出的气体流量便会不一致。被压缩机消耗掉的气体流量的计算公式如下[190]：

$$Q_{c,r}^{consume}(t) = \beta_{c,r} P_{c,r}(t) \tag{7-26}$$

$$P_{c,r}(t) = \frac{Q_{c,r}(t)}{\eta_{c,r} \cdot \tau} \cdot \left(\left(\frac{M_{o,r}(t)}{M_{i,r}(t)} \right)^{\tau} - 1 \right) \tag{7-27}$$

式中，$Q_{c,r}^{consume}(t)$ 为 t 时刻压缩机 r 消耗的气体流量；$\beta_{c,r}$ 为压缩机 r 的能量转换系数；$P_{c,r}(t)$ 为 t 时刻压缩机 r 消耗的功率；$Q_{c,r}(t)$ 为 t 时刻压缩机 r 流过的气体流量；$\eta_{c,r}$ 为压缩机 r 的效率；α 为压缩机的多变指数；$\tau = (\alpha - 1)/\alpha$；$M_{o,r}(t)$ 为 t 时刻压缩机 r 输出端的气体压力；$M_{i,r}(t)$ 为 t 时刻压缩机 r 输入端的气体压力。

(8) 电转甲烷的气体流量约束

其表达式为

$$Q_{P2M,k}^{\min} \leqslant Q_{P2M,k}(t) \leqslant Q_{P2M,k}^{\max} \tag{7-28}$$

式中，$Q_{P2M,k}^{\min}$ 为第 k 个 P2M 的气体流量最小值；$Q_{P2M,k}^{\max}$ 为第 k 个 P2M 的气体流量最大值。

7.3　约束条件的处理方法

上述模型主要涉及两种约束条件类型：一种是等式约束，另一种是不等式约束。对于电网中的等式约束和不等式约束的处理，则与5.3节和6.3节介绍的约束条件处理方法相同。下面主要介绍天然气系统和P2H/P2M的主要约束处理方法。

7.3.1　等式约束的处理方法

天然气系统的等式约束，即管道的气体流量方程、管存方程和节点的气体流量方程，基本都是复杂的非线性约束，主要采用信赖域算法[191]和 Levenberg-Marquardt(L-M)算法[192]进行求解。信赖域方法和L-M方法都是求解非线性方程组和大规模优化问题的简单而有效的工具。它们的优势在于，无论何时都能保证解的存在。为了比较信赖域法和L-M法在求解气体流量非线性方程组的优劣，在后面的算例仿真分析中专门针对信赖域法和L-M法进行了结果对比和分析。

7.3.2　不等式约束的处理方法

天然气系统的不等式约束主要包括气源点的气体流量约束、节点的气体压力约束、储气设备的气体流量约束、P2M 的气体流量约束和储气设备的容量约束。对于气源点的气体流量约束、储气设备的气体流量约束、P2M 的气体流量约束这三种不等式约束，采用限值法，即当气体流量超过最大流量值时，将气体流量设置为最大流量值，而当气体流量低于最小流量值时，将气体流量设置为最小流量值。

对于节点的气体压力约束，采用"气负荷动态调整策略"进行处理：当某些节点的气体压力高于最大压力或低于最小压力时，意味着这些节点上的气体需求和气体供应存在不平衡，则需要对流入和流出的气体流量进行调整。本书中主要通过调整流出的气体流量来改变气体压力的大小，即改变气负荷的值，其主要思想是：调整燃气轮机的燃气流量来改变气负荷，从而实现节点上的气体供需平衡，那么，燃气机组的功率输出将会发生变化，进而又会影响电网中其他发电机组的功率输出。所以，采用"气负荷动态调整策略"处理气体压力约束之后，需要对电网系统的各机组出力重新进行优化。

对于储气装置的容量约束，采用如下方法进行处理，具体描述如下：

(1) 对于 t 时刻的储气装置 m 而言，如果 $V_m(t) \leqslant V_m^{\min}$，则计算容量差值 $\Delta V = V_m^{\min} - V_m(t)$。

(2) 对于时刻 ii = 1：t，计算该时刻下储气装置 m 的气体流量冗余 $\Delta Q_{gs}(ii) = \min\{Q_{gs,m}^{\max} - Q_{gs,m}(ii), V_m^{\max} - V_{gs,m}(ii)\}$；如果储气装置 m 所在的节点处与 P2M 相

连,则 P2M 的气体流量冗余为 $\Delta Q_{\mathrm{P2G}}(\mathrm{ii})=Q_{\mathrm{P2G}}^{\max}-Q_{\mathrm{P2G}}(\mathrm{ii})$,则有效的气体流量冗余为 $\Delta Q(\mathrm{ii})=\min\{\Delta Q_{\mathrm{gs}}(\mathrm{ii}),\Delta Q_{\mathrm{P2G}}(\mathrm{ii})\}$;否则,$\Delta Q(\mathrm{ii})=\Delta Q_{\mathrm{gs}}(\mathrm{ii})$。接下来,将 ΔQ 按照从大到小进行排序。

(3) 根据 ΔQ 的排序,调整 $Q_{\mathrm{P2G}}(\mathrm{ii})$ 和 $Q_{\mathrm{gs},m}(\mathrm{ii})$ 直到 $V_m(t)\geqslant V_m^{\min}$ 为止。

(4) 更新 $V_m(t)$。

(5) 如果 $V_m(t)\geqslant V_m^{\max}$,计算容量差值 $\Delta V=V_m(t)-V_m^{\max}$。

(6) 对于时刻 $\mathrm{ii}=1:t$,计算该时刻下储气装置 m 的气体流量冗余 $\Delta Q_{\mathrm{gs}}(\mathrm{ii})=\min\{Q_{\mathrm{gs},m}(\mathrm{ii})-Q_{\mathrm{gs},m}^{\min},V_{\mathrm{gs},m}(\mathrm{ii})-V_m^{\min}\}$。如果储气装置 m 所在的节点处与 P2M 相连,则 P2M 的气体流量冗余为 $\Delta Q_{\mathrm{P2G}}(\mathrm{ii})=Q_{\mathrm{P2G}}(\mathrm{ii})-Q_{\mathrm{P2G}}^{\min}$,则有效的气体流量冗余为 $\Delta Q(\mathrm{ii})=\min\{\Delta Q_{\mathrm{gs}}(\mathrm{ii}),\Delta Q_{\mathrm{P2G}}(\mathrm{ii})\}$;否则,$\Delta Q(\mathrm{ii})=\Delta Q_{\mathrm{gs}}(\mathrm{ii})$。接下来,将 ΔQ 按照从大到小进行排序。

(7) 根据 ΔQ 的排序,调整 $Q_{\mathrm{P2G}}(\mathrm{ii})$ 和 $Q_{\mathrm{gs},m}(\mathrm{ii})$ 直到 $V_m(t)\leqslant V_m^{\max}$ 为止。

(8) 更新 $V_m(t)$,气体装置的容量约束调整结束。

7.4　总流程图

虽然电力系统的优化运行以及天然气系统的优化运行是独立进行的,但是两个系统的参数是耦合在一起的,主要体现在 P2M 和燃气轮机的参数上。含新能源及 P2M 的电-气综合能源系统的环境经济优化调度的总流程图如图 7-2 所示。

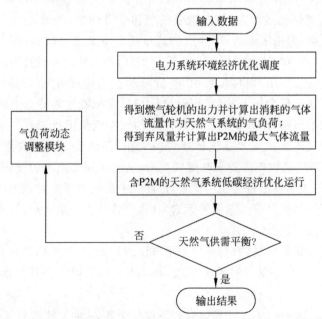

图 7-2　含新能源及 P2M 的电-气综合能源系统的环境经济优化调度的总流程图

图 7-2 （续）

7.5 仿真算例及结果分析

7.5.1 算例参数

含新能源及 P2M 的电-气综合能源系统的示意图如图 7-3 所示,它包含 IEEE 39 节点的电力系统[172]和比利时 20 节点的高热值天然气系统[189]。其中,IEEE 39 节点的电力系统含有 46 条支路、5 个燃煤机组、3 个燃气机组和 2 个风电机组,总装机容量为 3903MW,风电机组的装机容量占总容量的 35％;比利时 20 节点的高热值天然气系统含有 24 条管道、2 个气源点、3 个储气装置和 2 个压缩机。具体的数据参数见表 7-1 和表 7-2,需要注意的是,流入储气装置的气体流量定义为正值,流出储气装置的气体流量定义为负值;各个节点的气体压力约束见表 7-3;电负荷和气负荷值见表 7-4;此外,理论上预测出的风机出力曲线如图 7-4 所示;P2M 的效率设为 64％,弃风成本设为 $100/MWh,初始管存为 0.5Mm³。

针对该电-气综合能源系统,首先采用 7.2 节建立的短期优化运行模型,再利用所提算法和约束条件处理方法进行计算,最后得到相应的结果。下面将通过几个不同情形下的算例进行仿真验证,所有仿真都是通过 MATLAB 编程实现的。

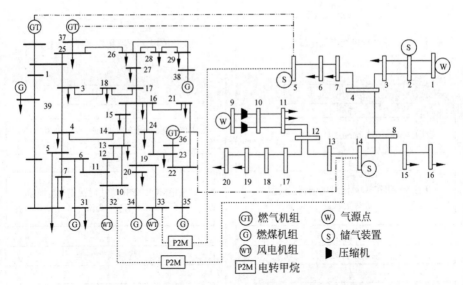

图 7-3　含新能源及 P2M 的电-气综合能源系统的示意图

表 7-1　各发电机组参数

机　组	最大功率 /MW	最小功率 /MW	向上爬坡速率 /(MW/h)	向下爬坡速率 /(MW/h)
燃煤机组 1	470	150	80	80
燃煤机组 2	470	135	80	80
燃煤机组 3	340	73	80	80
燃煤机组 4	300	60	50	50
燃煤机组 5	243	73	50	50
燃气机组 1	260	0	260	260
燃气机组 2	230	0	230	230
燃气机组 3	220	0	220	220
风电机组 1	750	0	750	750
风电机组 2	620	0	620	620

表 7-2　储气装置参数

编　号	初始容量 /Mm³	最大容量 /Mm³	最小容量 /Mm³	最大气体流量 /(Mm³/h)	最小气体流量 /(Mm³/h)
储气装置 1	1.5	3.5	0	0.35	−0.20
储气装置 2	2.0	4.5	0	0.45	−0.25
储气装置 3	1.5	3.5	0	0.35	−0.25

表 7-3　节点的气体压力约束　　　　　　　　　　　　　　　　bar

节点编号	1	2	3	4	5	6	7	8	9	10	11	12	13	14	15	16	17	18	19	20
最小压力	30	30	30	30	10	10	30	30	50	50	30	30	30	30	15	15	25	25	15	15
最大压力	100	100	100	80	80	80	80	70	70	77	70	70	70	70	70	70	70	70	70	70

表 7-4　电负荷及气负荷

时刻/h	1	2	3	4	5	6	7	8	9	10	11	12
电负荷/(MW/h)	1272	1188	1104	960	1080	1320	1476	1584	1740	1776	1800	1860
气负荷/(Mm³/h)	1.03	0.97	0.92	0.98	0.99	1.03	1.23	1.45	1.79	1.83	1.74	1.61
时刻/h	13	14	15	16	17	18	19	20	21	22	23	24
电负荷/(MW/h)	1680	1560	1320	1104	1416	1680	1800	2040	1860	1632	1344	1116
气负荷/(Mm³/h)	1.46	1.42	1.39	1.38	1.39	1.30	1.26	1.19	1.15	1.15	1.12	0.97

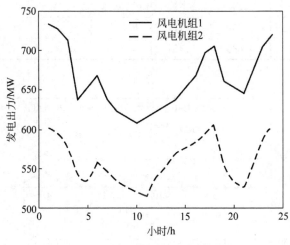

图 7-4　风电机组的理论预测出力

7.5.2　仿真结果及分析

在算例中,采用牛顿-拉夫逊法计算电力潮流,采用信赖域法和 L-M 法求解天然气系统中的非线性方程组以获得气体流量值;并且采用 MOBHPSO 算法对构建的含新能源及 P2M 的电-气综合能源系统的优化运行模型进行求解,所得到的仿真结果如表 7-5 和表 7-6 所示,所有的约束条件均满足要求,同时给出了含有 P2M 和不含有 P2M 两种情形下电力机组出力和气体流量,如图 7-5 和图 7-6 所示;除此之外,还给出了信赖域法和 L-M 法的结果对比,如图 7-7 和表 7-6 所示。P2M 消纳的风电功率以及 P2M 转化的气体流量值如图 7-8 所示,含 P2M 和不含

P2M 两种情形下的储气装置容量对比如图 7-9 所示,各节点的气体压力值见表 7-7 所示。

表 7-5 电力系统的优化结果

情 形	燃料费用/M$	SO_x 等污染气体排放量/吨
含 P2M	1.080	38.193
不含 P2M	1.084	37.939

表 7-6 天然气系统的优化结果

情形	算法	总运行成本/M$	CO_2 排放量/10^4t	弃风率	P2M 的运行成本/M$	甲烷化过程吸收的 CO_2/10^4t	P2M 消纳的风电量/(MW·h)
不含 P2M	信赖域法	0.741	5.791	24.85%	0	0	0
	L-M 法	0.695	5.790	24.85%	0	0	0
含 P2M	信赖域法	0.732	5.727	6.71%	0.106	0.056	5321.66
	L-M 法	0.685	5.491	4.04%	0.122	0.064	6104.48

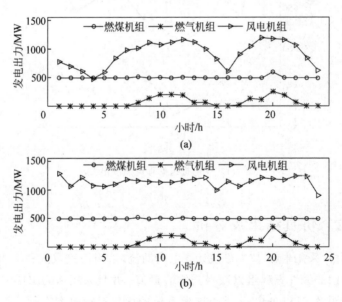

图 7-5 含 P2M 和不含 P2M 两种情形下的电力机组出力对比
(a) 电力机组出力(不含 P2M);(b) 电力机组出力(含 P2M)

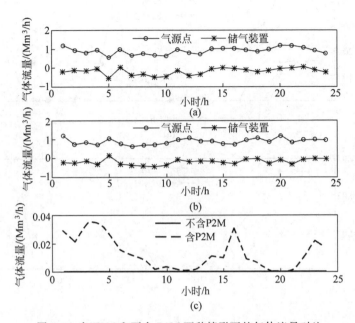

图 7-6 含 P2M 和不含 P2M 两种情形下的气体流量对比

（a）天然气系统的气体流量（不含 P2M）；（b）天然气系统气体流量（含 P2M）；（c）P2M 的气体流量

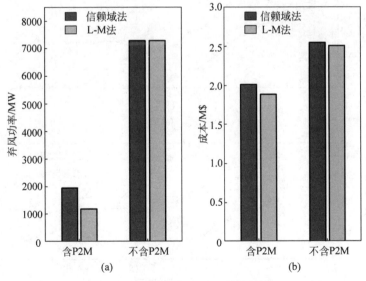

图 7-7 信赖域法和 L-M 法的结果对比

（a）弃风功率对比；（b）总运行成本对比

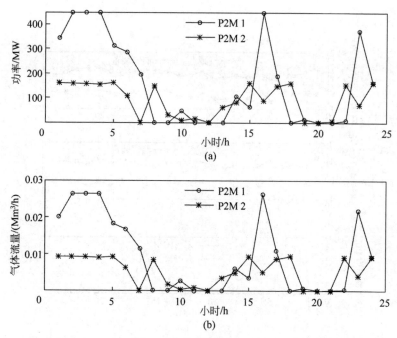

图 7-8　P2M 消纳的风电功率以及 P2M 转化的气体流量

（a）P2M 消纳的风电功率；（b）P2M 的气体流量

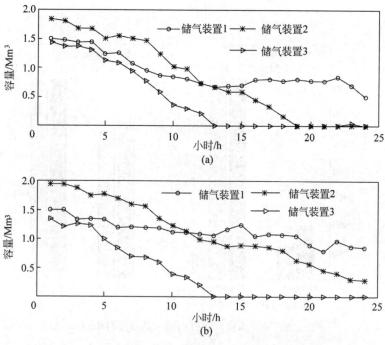

图 7-9　含 P2M 和不含 P2M 两种情形下的储气装置容量对比

（a）储气装置的容量（不含 P2M）；（b）储气装置的容量（含 P2M）

表7-7　各节点的气体压力值　　　　　　　　bar

小时	节点编号									
	1	2	3	4	5	6	7	8	9	10
1	74.7469	73.8385	72.5356	56.7444	45.5189	41.0362	42.8709	43.8394	55.7467	61.3213
2	67.0635	66.5001	65.6495	55.1170	39.9237	38.1803	40.9818	45.8246	50.2401	55.2641
3	70.9782	70.6287	69.6258	56.8556	53.1330	46.9431	47.4426	40.3510	54.5096	59.9605
4	67.7032	67.1715	66.3961	57.2499	70.7133	54.9508	54.2037	42.9448	53.3986	58.7385
5	60.3126	59.8906	59.2212	51.7346	33.9220	33.5808	37.1390	46.9318	49.9918	54.9910
6	60.2348	60.0091	59.2823	51.2112	48.2071	40.7850	41.2236	44.1951	50.0255	55.0280
7	61.7065	61.2190	60.5111	52.7660	56.6407	46.2672	46.2665	44.8522	51.1059	56.2164
8	72.0210	71.2920	70.1714	55.5450	30.7629	30.7596	37.3143	40.5826	50.3482	55.3830
9	59.6538	59.2193	58.5192	50.4304	63.6206	46.3675	45.9280	38.7845	52.4694	57.7163
10	63.8376	63.4229	62.5894	52.8985	40.6647	38.5312	40.3515	45.1444	53.4969	58.8466
11	70.6866	69.9749	68.8971	54.9136	27.6230	27.5911	35.2202	41.7990	50.9478	56.0425
12	68.9173	68.3366	67.3818	55.2606	41.9605	38.5358	40.9826	43.4697	52.3659	57.6024
13	64.6456	64.1633	63.3132	52.9436	32.3582	31.5162	36.1046	44.7830	50.4011	55.4412
14	68.1243	67.1946	66.2050	53.6897	45.2849	40.2787	41.5617	39.2924	51.8961	57.0857
15	77.3472	76.3396	75.1040	58.2513	28.6262	28.7076	37.7480	40.5386	50.1422	55.1564
16	74.0179	73.6698	72.5552	57.3796	36.5834	35.4363	40.2615	40.3234	50.9462	56.0408
17	72.7026	71.9010	70.8103	56.1345	35.5315	34.6661	39.3576	39.7726	50.2135	55.2349
18	75.1341	74.3651	73.1955	57.2444	37.5240	36.4759	40.8464	38.1481	50.2537	55.2791
19	70.4893	69.9243	68.9806	56.8986	63.1603	51.1618	51.1398	38.1952	53.7179	59.0897
20	90.0790	89.4097	87.8955	66.0627	30.6166	32.7061	44.5817	38.5313	51.2693	56.3962
21	72.9250	72.4852	71.4642	57.2781	44.5136	41.6715	44.0290	38.2162	56.4074	62.0482
22	69.5078	68.3668	67.3470	53.8900	37.1964	35.8036	39.0643	38.5332	54.3579	59.7937
23	70.0484	69.6090	68.6537	56.6512	59.8959	49.6890	49.7032	40.4218	53.2979	58.6277
24	56.7456	56.3199	55.5790	46.7811	33.0590	31.2034	33.3676	38.3445	64.6311	71.0942

小时	节点编号									
	11	12	13	14	15	16	17	18	19	20
1	54.1081	50.5855	46.0875	44.7456	35.3047	25.7453	49.7105	35.4170	26.1208	25.9488
2	51.7236	50.3445	47.8200	46.7134	37.8536	29.1582	49.9537	40.2191	31.2779	31.1271
3	54.3675	51.3623	45.1763	40.7143	31.6600	21.1181	51.0356	43.0089	35.4623	35.3304
4	53.8731	51.4255	46.4733	43.5065	34.3087	24.3816	51.1668	44.6069	37.9960	37.8745
5	51.9467	50.9341	49.0610	48.4082	39.0532	30.5918	50.7221	45.1699	39.1410	39.0242
6	51.3066	49.8506	46.9020	45.3095	36.2103	27.2829	49.6736	44.8413	39.1515	39.0360
7	52.2445	50.6172	47.4860	45.9142	36.8016	27.8913	50.4070	45.1037	39.3228	39.2076

小时	节 点 编 号									
	11	12	13	14	15	16	17	18	19	20
8	50.8360	48.7091	44.1013	41.0575	31.8666	21.3437	48.5566	44.1770	38.6343	38.5179
9	52.3018	49.4738	43.5577	39.5966	29.3700	17.2155	49.2713	44.1255	38.3480	38.2301
10	54.3000	52.1931	48.2816	46.3746	36.7013	27.3680	51.9234	45.6230	39.5052	39.3897
11	51.6829	49.6546	45.2476	42.3900	33.2849	23.2977	49.4998	44.9943	39.3993	39.2845
12	52.9842	50.8287	46.5780	44.1992	35.0247	25.4320	50.6144	45.2823	39.5316	39.4170
13	51.7051	50.2120	47.2589	45.8176	36.6459	27.6235	50.0282	45.1247	39.4647	39.3501
14	51.9730	49.3827	43.7844	39.8147	30.3185	19.0701	49.2116	44.5565	38.9702	38.8546
15	50.5211	48.3266	43.7034	40.9399	31.3684	20.1573	48.1649	43.6773	38.0939	37.9760
16	51.1041	48.7023	43.7603	40.7302	31.1775	19.9426	48.5071	43.4549	37.6395	37.5197
17	50.4220	48.1032	43.2388	40.2295	30.5039	18.9170	47.9215	43.0252	37.1790	37.0577
18	50.1500	47.5764	42.0906	38.4792	28.4809	15.5972	47.3952	42.5038	36.6134	36.4903
19	53.1562	49.8808	43.1425	38.5692	28.3725	15.1925	49.6243	43.5000	37.2428	37.1207
20	51.1983	48.4743	42.5615	38.5943	28.7701	15.8577	48.2927	43.2795	37.3198	37.1984
21	55.6171	51.8483	44.0882	38.5362	28.4171	15.2929	51.5608	44.9563	38.6616	38.5433
22	54.1611	50.9718	44.0340	39.1087	28.7767	15.8746	50.7701	45.4186	39.5082	39.3929
23	53.3906	50.6155	44.7480	40.9330	31.0949	19.5983	50.4247	45.3936	39.6974	39.5833
24	63.3091	58.1787	47.7707	39.5037	28.7623	16.1240	57.7734	49.4686	43.0386	42.9313

通过仿真结果可以看出,电力机组出力、气源点气体流量、P2M 气体流量、储气装置气体流量及容量、节点的气体压力均满足其约束限值,等式约束也均得到满足,其中的失负荷率为 $L_p = 6.37 \times 10^{-18}$,说明约束条件处理方法是有效的。

1. P2M 对于电力系统的影响

(1) 通过表 7-5 和图 7-5 可以看出,当综合系统中含有 P2M 时,相比于无P2M,电力系统的燃料成本略有升高,在时刻 20 时,由于 P2M 转化而来的天然气注入到天然气系统中,管道压力升高并且高于最大限值;于是,采用了"气负荷动态调整策略"对气体压力约束进行处理,需要通过增加与天然气节点 5 和 14 相连的燃气机组的气体流量来增加天然气需求,相当于增大了电力系统得燃气机组出力;随后,为了保证电力机组出力与电力负荷的平衡,需要相应地降低燃煤机组的出力。由于燃气机组的燃料成本高于燃煤机组,且 SO_x 等污染气体排放量低于燃煤机组,导致电力系统总体的燃料成本增加以及 SO_x 等污染气体排放量下降,且 SO_x 等污染气体排放量减少了 0.254 吨。此外,从图 7-8 可以看出,P2M 可以消纳大部分的弃风,其中,在时刻 3~5h 之间,当弃风功率超过 P2M 的最大功率时,P2M 工作在最大功率状态。由于 P2M 的加入,使得风电出力更加平滑,燃煤机组的出力也更加平滑,这均有利于电力系统的稳定性和可靠性。

(2) 从表 7-6 和图 7-7(a)可以明显看出,弃风率分别从 24.85％下降到 6.71％(信赖域法),从 24.85％下降到 4.04％(L-M 法),风力发电量分别增加了 5321.66MW·h(信赖域法)和 6104.48MW·h(L-M 法);同时,也表明了相比于信赖域法,L-M 法得到的结果更优。

2. P2M 对于天然气系统的影响

从图 7-6 和图 7-9 可以明显看出,当在综合能源系统中含有 P2M 时,相比于无 P2M 时,气源点和储气装置的气体流量较低;此外,含 P2G 时的储气装置容量远大于不含有 P2G 的储气装置容量,这是因为与天然气系统中的天然气相比,通过 P2M 从风电转化而来的清洁和低碳的能源具有优先使用权,这为综合能源系统创造了可观的经济效益和环境效益。P2M 带来的经济效益根据其替代的天然气成本进行评估,从表 7-6 可以看出,天然气成本分别减少了 9000 美元(信赖域法)和 10000 美元(L-M 法);此外,P2M 带来的环境效益主要包含了由于 P2M 而减少的 CO_2 排放量,以及 P2M 甲烷化过程中吸收的 CO_2;CO_2 总排放量分别减少了 1200 吨(信赖域法)和 3630 吨(L-M 法);如果按照风电机组年利用小时数 2100 小时进行估算的话,每年由于 P2M 的使用而减少的 CO_2 排放量超过了 10 万吨(信赖域法)和 31 万吨(L-M 法),减碳效果非常可观。

3. 对综合能源系统运行成本的影响

通过图 7-7(b)可以看出,电-气综合能源系统的总运行成本(包括弃风成本)共减少了 5.372×10^5 美元(信赖域法)和 6.165×10^5 美元(L-M 法);如果按照风电机组年利用小时数 2100 小时进行估算的话,每年电-气综合能源系统的总运行成本可下降 4700 万美元(信赖域法)和 5394 万美元(L-M 法),可获得非常可观的经济效益。

因此,可以得到如下结论:针对含新能源及 P2M 的电-气综合能源系统,所提出的优化运行模型以及所提的约束条件处理方法都是可行的且有效的,并且表明了 MOBHPSO 算法用于求解综合能源系统多目标多约束优化运行问题的可行性以及信赖域法和 L-M 法求解非线性气体流量方程组的有效性,同时相比于信赖域法,L-M 法得到的优化结果更优。

7.6　小结

为了实现低碳经济环境效益的最大化,本章提出了考虑 P2M 与燃气轮机耦合的电-气综合能源系统的多目标优化调度模型。该模型考虑了电力系统与天然气系统的能量流动,天然气的可压缩性、管存以及其他复杂的系统特性。同时,采用信赖域法和 L-M 法求解得到了天然气系统的各气体流量。从仿真结果可以看出，L-M 方法得到的结果更优。此外，算例仿真结果表明了 MOBHPSO 算法用于解决电-气综合能源系统多目标优化调度问题的可行性以及所提出约束处理方法的有效性。所得结果还表明，P2M 在降低燃料成本、减少 CO_2 排放及 SO_x 等污染物排放、消纳新能源等方面发挥了作用。具体地说，天然气成本降低 10000 美元，CO_2 总排放量减少 3630 吨，SO_x 等污染物排放量减少 0.254 吨，弃风量减少 6104.48MW·h，弃风率从 24.85% 下降至 4.04%。此外，包括弃风成本在内的系统总成本下降 616500 美元。

第8章

含新能源及P2H/P2M的综合能源系统优化调度

8.1 引言

通过第 7 章的内容可以看出在"双碳"背景下,含 P2M 的电-气综合能源系统可以有效增加新能源的消纳以及降低碳排放,有利于我国能源的清洁化、低碳化,但是没有考虑电转氢气(P2H)。P2H 是通过直接电解水产生氢气,效率相对较高,一般为 73%,而 P2M 则是在电转氢气的基础上添加了甲烷化过程,效率相对较低,一般为 64%;近年来,随着清洁低碳理念的进一步推行以及全世界范围内大力发展氢能源的决心,使得电转氢气引起了国内外的广泛关注。我国未来也会大力发展氢能源,预计到 2060 年,燃氢机组的装机容量将占到总装机容量的 2.6%。因此,在电-气综合能源系统中非常有必要考虑 P2H,图 8-1 给出了含新能源及 P2H/P2M 的电-气综合能源系统的示意图。相比于仅含 P2M 的综合能源系统,由于 P2H 的加入,需要考虑氢气注入天然气的比例要求以及由于氢气的注入导致的气体高热值的变化。

氢气可以用于很多场合,比如工业、住宅区、交通领域等[193-194],可以将一定比例的氢气注入到天然气系统中,每个国家和地区对于可以混入的氢气比例要求不同,一般情况下不会超过 10%。P2H 和 P2M 的加入使得电-气综合能源系统变得更为复杂,耦合度也更高。目前国内外针对含电转气的电-气综合能源系统展开的研究,主要涉及的是 P2M[172,195],很少考虑 P2H,因此 P2H 在综合能源系统中的运行研究还很不成熟,最新的研究中主要涉及了含 P2H 的综合能源系统的机组组合

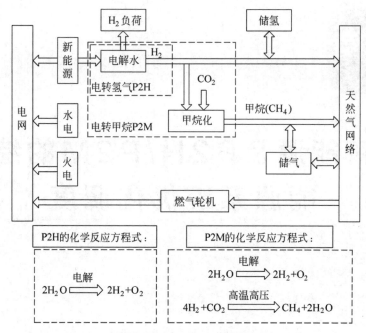

图 8-1　含新能源及 P2H/P2M 的综合能源系统

以及利用 P2H 进行负荷平衡,基本没有考虑氢气注入天然气系统后混合气体的高热值变化规律,以及 P2H 和 P2M 对综合能源系统影响的对比分析。

　　本章首先针对含新能源及 P2H/P2M 的电-气综合能源系统[196],建立优化调度模型;其次,给出了氢气-天然气的混合气体高热值的计算方法;此外,还给出了氢气注入比例超过允许值时的处理方法,为了对比分析 P2H 与 P2M 对综合能源系统的不同影响,最后通过多个仿真算例进行了结果的对比分析。

8.2　含新能源及 P2H/P2M 的电-气综合能源系统经济优化调度模型

　　当在电-气综合能源系统中,同时考虑电转氢气(P2H)和电转甲烷(P2M)时,需要分析氢气注入天然气系统后对于高热值的影响,也就是氢气天然气混合气体的高热值,需要研究并给出一定比例的氢气注入天然气系统后混合气体的高热值计算方法;另外,7.2 节中介绍的含新能源及 P2M 的电-气综合能源系统的优化调度模型,是将电力系统和天然气系统分别进行优化,独立给出优化模型,之后再进行参数耦合和协调,且同时考虑了经济效益、环境效益和可靠性,本节介绍的含新能源及 P2H/P2M 的电-气综合能源系统优化调度模型是将电力系统和天然气系统作为一个能源系统进行参数优化,并只建立一个优化模型,主要考虑系统的运行成本最低,接下来将具体描述目标函数及约束条件。

8.2.1　目标函数

其表达式为

$$\min \quad F_c = \sum_{i=1}^{N_G} \sum_{t=1}^{T} a_i P_{G,i}^2(t) + b_i P_{G,i}(t) + c_i +$$

$$\sum_{n=1}^{N_w} \sum_{t=1}^{T} Q_{w,n}(t) u_{w,n}(t) + \sum_{m=1}^{N_{gs}} \sum_{t=1}^{T} Q_{gs,m}(t) u_{gs,m}(t) +$$

$$\sum_{k=1}^{N_{HM}} \sum_{t=1}^{T} P_{HM,k}(t) u_{HM,k} - \sum_{k=1}^{N_{HM}} \sum_{t=1}^{T} Q_{HM,k}(t) u_{ave}(t) \tag{8-1}$$

式中，F_c 为电-气综合能源系统的总运行成本；N_G 为发电机组的总个数；T 为时刻间隔数；$P_{G,i}(t)$ 为 t 时刻发电机组 i 的发电功率；a_i，b_i，c_i 分别为机组 i 的燃料成本系数；N_w 为气源点个数；N_{gs} 为储气装置的个数；N_{HM} 为P2H/P2M个数；$Q_{w,n}(t)$ 为 t 时刻气源点 n 的气体流量；$u_{w,n}(t)$ 为 t 时刻气源点 n 的天然气单价；$Q_{gs,m}(t)$ 为 t 时刻储气装置 m 的气体流量(流入取正值，流出取负值)；$u_{gs,m}(t)$ 为 t 时刻储气装置 m 的储气单价；$u_{HM,k}$ 为第 k 个 P2H/P2M 的运行费用；$Q_{HM,k}(t)$ 为 t 时刻第 k 个 P2H/P2M 的气体流量；$u_{ave}(t)$ 为 t 时刻所有气源点的天然气单价均值；$P_{HM,k}(t)$ 为 t 时刻第 k 个 P2H/P2M 的(消纳新能源)的功率。

构建电力系统发电出力与天然气系统中各个环节的气体流量之间的关系尤为重要，比如，t 时刻第 k 个 P2H/P2M 消耗的新能源功率 $P_{HM,k}(t)$ 与 t 时刻第 k 个 P2H/P2M 产出的气体流量之间的关系，可以用下式来描述：

$$\begin{cases} P_{HM,k}(t) = Q_{HM,k}(t) \cdot HHV_{H_2} \cdot \eta_{HM,k} & (P2H) \\ P_{HM,k}(t) = Q_{HM,k}(t) \cdot HHV_{NG} \cdot \eta_{HM,k} & (P2M) \end{cases} \tag{8-2}$$

式中，HHV_{H_2}，HHV_{NG} 分别为氢气、天然气的高热值，本书中的氢气高热值取为 12.75MJ/m³，天然气的高热值取为 39.5MJ/m³；$\eta_{HM,k}$ 为第 k 个 P2H/P2M 的效率。

同样，t 时刻送入第 i 个燃气轮机的天然气气体流量 $Q_{GT,i}(t)$ 和 t 时刻第 k 个燃气轮机的发电出力 $P_{GT,i}(t)$ 之间的关系描述如下：

$$\begin{cases} P_{GT,i}(t) = Q_{GT,i}(t) \cdot HHV_{mix} \cdot \eta_{GT,i} & (P2H) \\ P_{GT,i}(t) = Q_{GT,i}(t) \cdot HHV_{NG} \cdot \eta_{GT,i} & (P2M) \end{cases} \tag{8-3}$$

$$HHV_{mix} = HHV_{H_2} \cdot r_{H_2} + HHV_{NG} \cdot (1 - r_{H_2}) \tag{8-4}$$

式中，HHV_{mix} 为氢气-天然气的混合气体高热值；$\eta_{GT,i}$ 为第 i 个燃气轮机的效率；r_{H_2} 为氢气的混入比例。

由于天然气的高热值是明显高于氢气高热值的，所以当比例较高的氢气注入天然气网络所带来的直接影响便是高热值的下降。因此，一般对于注入天然气网络的氢气比例都有上限要求，不同国家和不同地区对于该上限要求会各有不同。

8.2.2　约束条件

由于电力系统和天然气系统在运行中的复杂特性,以及电-气综合能源系统的耦合性,使得电-气综合能源系统的约束条件变得极为复杂。等式约束及不等式约束主要包括以下几个部分。

1. 等式约束

(1) 电力负荷平衡方程

在电力系统中,发电出力与电力负荷是时刻相等的,即

$$P_L(t) + \sum_{k=1}^{N_{HM}} P_{HM,k}(t) - \sum_{i=1}^{N_G} P_{G,i}(t) = 0 \tag{8-5}$$

式中,$P_L(t)$ 为 t 时刻的电力负荷值。

(2) 管道的气体流量方程

天然气系统运行中需满足流体力学质量守恒定律和伯努利方程。管道中的气体流量和节点的气体压力之间的关系满足:

$$\frac{Q_{ij}^{in}(t) + Q_{ij}^{out}(t)}{2} \left| \frac{Q_{ij}^{in}(t) + Q_{ij}^{out}(t)}{2} \right| = C_{ij}(H_i(t)^2 - H_j(t)^2) \tag{8-6}$$

式中,$Q_{ij}^{in}(t)$ 为 t 时刻管道 ij 注入的气体流量;$Q_{ij}^{out}(t)$ 为 t 时刻管道 ij 流出的气体流量;$H_i(t)$,$H_j(t)$ 分别为 t 时刻节点 i 和节点 j 的气体压力;C_{ij} 为与管道 ij 的压缩因子、长度、直径、温度等因素有关的常数。

(3) 管存方程

由于天然气的可压缩性,使得注入管道的气体流量与流出管道的气体流量可能不相等,会有部分天然气存储在管道中以备天然气负荷增高时使用,这种被直接存储于管道中的天然气容量被称为管存。管道 ij 的管存与该管道的平均气体压力以及管道自身参数有关,具体计算公式如下:

$$L_{ij}(t) = \omega_{ij} \frac{H_i(t) + H_j(t)}{2} = L_{ij}(t-1) + Q_{ij}^{in}(t) - Q_{ij}^{out}(t) \tag{8-7}$$

式中,$L_{ij}(t)$ 为 t 时刻管道 ij 的管存;ω_{ij} 为与管道 ij 参数、压缩因子、气体密度和温度有关的常数。

(4) 节点的气体流量方程

对天然气系统中的每个节点而言,流入节点的气体流量与流出节点的气体流量是相等的,即

$$\sum_{w \in i} Q_w(t) + \sum_{m \in i} Q_{gs,m}(t) + \sum_{k \in i} Q_{HM,k}(t) - \sum_{j \in SI(i)} Q_{ij}^{in}(t) +$$

$$\sum_{j \in SO(i)} Q_{ij}^{out}(t) - Q_{GT,i}(t) - Q_{L,i}(t) = 0 \tag{8-8}$$

式中,$Q_{GT,i}(t)$ 为 t 时刻节点 i 所有燃气轮机注入的气体流量;$Q_{L,i}(t)$ 为 t 时刻节点 i 处的气负荷;SI(i) 为将节点 i 作为管道输入节点的管道集合;SO(i) 为将节

点 i 作为管道输出节点的管道集合。

2. 不等式约束

不等式约束主要包括发电出力约束、机组爬坡约束、线路容量约束、气源点的气体流量约束、储气装置的气体流量约束和容量约束、P2H/P2M 的气体流量约束等。它们的表达式如下：

$$P_{G,i}^{\min} \leqslant P_{G,i}(t) \leqslant P_{G,i}^{\max} \tag{8-9}$$

$$\begin{cases} P_{G,i}(t) \geqslant \max\{P_{G,i}^{\min}, P_{G,i}(t-1) - \Delta P_{G,i}^{\text{down}}\}, & P_{G,i}(t) \leqslant P_{G,i}(t-1) \\ P_{G,i}(t) \leqslant \min\{P_{G,i}^{\max}, P_{G,i}(t-1) + \Delta P_{G,i}^{\text{up}}\}, & P_{G,i}(t) \geqslant P_{G,i}(t-1) \end{cases} \tag{8-10}$$

$$S_l(t) \leqslant S_l^{\max} \tag{8-11}$$

$$Q_{w,n}^{\min} \leqslant Q_{w,n}(t) \leqslant Q_{w,n}^{\max} \tag{8-12}$$

$$Q_{gs,m}^{\min} \leqslant Q_{gs,m}(t) \leqslant Q_{gs,m}^{\max} \tag{8-13}$$

$$V_m^{\min} \leqslant V_m(t) \leqslant V_m^{\max} \tag{8-14}$$

$$H_i^{\min} \leqslant H_i(t) \leqslant H_i^{\max} \tag{8-15}$$

$$Q_{HM,k}^{\min} \leqslant Q_{HM,k}(t) \leqslant Q_{HM,k}^{\max} \tag{8-16}$$

$$r_{H_2}(t) \leqslant r_{H_2}^{\max} \tag{8-17}$$

式中，$P_{G,i}^{\min}$ 为机组 i 的最小出力；$P_{G,i}^{\max}$ 为机组 i 的最大出力；$\Delta P_{G,i}^{\text{up}}$ 为机组 i 的向上爬坡速率限制；$\Delta P_{G,i}^{\text{down}}$ 为机组 i 的向下爬坡速率限制；$S_l(t)$ 为 t 时刻线路 l 的容量；$S_l^{\max}$ 为线路 l 的最大容量。$Q_{w,n}^{\min}$ 为气源点 n 的气体流量最小值；$Q_{w,n}^{\max}$ 为气源点 n 的气体流量最大值。$Q_{gs,m}^{\min}$ 为储气装置 m 的气体流量最小值；$Q_{gs,m}^{\max}$ 为储气装置 m 的气体流量最大值；$V_m(t)$ 为 t 时刻储气装置 m 的容量；$V_m^{\min}$ 为 t 时刻储气装置 m 的容量最小值；$V_m^{\max}$ 为 t 时刻储气装置 m 的容量最大值；$H_i(t)$ 为 t 时刻节点 i 的气体压力；$H_i^{\min}$ 为节点 i 的气体压力最小值；$H_i^{\max}$ 为节点 i 的气体压力最大值。$Q_{HM,k}^{\min}$ 为第 k 个 P2H/P2M 的气体流量最小值；$Q_{HM,k}^{\max}$ 为第 k 个 P2H/P2M 的气体流量最大值；$r_{H_2}(t)$ 为 t 时刻注入天然气系统的氢气比例；$r_{H_2}^{\max}$ 为注入天然气系统的氢气比例最大值。

8.3　约束条件的处理方法

对于 P2H 而言，其注入天然气系统的气体流量是有一定比例要求的，有研究表明当注入比例超过 10% 的时候，会严重影响气体热值，以至于无法正常使用，大多数地区的氢气注入比例也都在 5% 以下[197]。如果 t 时刻注入天然气系统的氢气比例超过允许的最大注入比例时，采用"多发多减"的原则，即氢气发出较多的 P2H，要相应地减少较多的氢气流量，以使得总体的氢气注入比例达到要求，具体的处理方法如下：

$$Q_{k,\mathrm{P2H}}(t)=Q_{k,\mathrm{P2H}}(t)-\bigg[\bigg(\sum_{k=1}^{N_{\mathrm{P2H}}}Q_{k,\mathrm{P2H}}(t)\bigg)-\bigg(\sum_{n=1}^{N_{\mathrm{w}}}Q_{\mathrm{w},n}(t)+\sum_{m=1}^{N_{\mathrm{gs}}}Q_{\mathrm{gs},m}(t)+$$

$$\sum_{p=1}^{N_{\mathrm{pipeline}}}L_{\mathrm{p}}(t)\bigg)\bullet r_{\mathrm{H_2}}^{\max}\bigg/\sum_{k=1}^{N_{\mathrm{P2H}}}Q_{k,\mathrm{P2H}}(t)\bigg]\bullet Q_{k,\mathrm{P2H}}(t) \qquad (8\text{-}18)$$

式中，N_{P2H} 为 P2H 的个数；N_{pipeline} 为天然气系统中管道的数量；$Q_{k,\mathrm{P2H}}(t)$ 为 t 时刻第 k 个 P2H 的气体流量。

8.4　总流程图

含新能源及 P2H/P2M 的电-气综合能源系统的优化调度总流程图如图 8-2 所示。

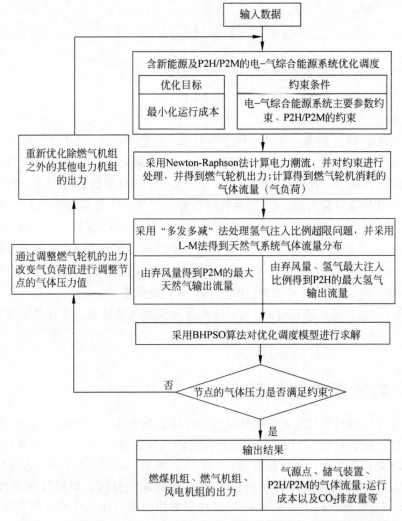

图 8-2　含新能源及 P2H/P2M 的电-气综合能源系统优化运行的总流程图

8.5　仿真算例及结果分析

8.5.1　算例参数

含新能源及 P2H/P2M 的电-气综合能源系统的示意图如图 8-3 所示,与第 7 章的算例系统基本相同,包含 IEEE 39 节点的电力系统和比利时 20 节点的高热值天然气系统,只是同时考虑了电转氢气 P2H 和电转甲烷 P2M。P2H 的效率设为 73%,P2M 的效率设为 64%,假定 24 小时内的风电出力预测值已知,如图 8-4 所示,可以看出风电预测出力的峰谷差值很大;燃煤机组和燃气机组 CO_2 的单位排放量分别设为 0.89kg/(kW·h) 和 0.39kg/(kW·h)。为了对比分析 P2H 和 P2M 对于电-气综合能源系统的影响,主要进行了如下三种情形的算例仿真。

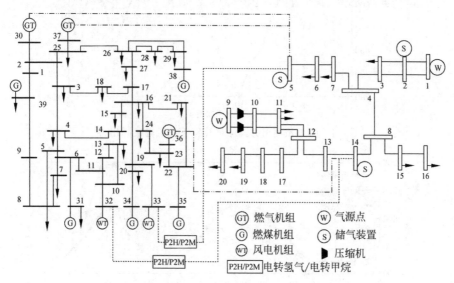

图 8-3　含新能源及 P2H/P2M 的电-气综合能源系统的示意图

算例 1:综合能源系统中不含有 P2H 以及 P2M。

算例 2:综合能源系统中仅含有 P2H 且氢气注入的最大比例为 3%vol。

算例 3:综合能源系统中仅含有 P2M。

优化得到的运行结果见表 8-1;三种算例下的风电出力、燃煤机组出力、燃气机组出力的对照情况如图 8-4 和图 8-5 所示;气源点、储气装置以及 P2H/P2M 的气体流量值见表 8-2~表 8-4;需要注意的是,当气体流入储气装置时,气体流量为正值,而当气体流出储气装置时,气体流量为负值;三种算例下的风电消纳情况以及储气装置的容量情况如图 8-6 和图 8-7 所示。

表8-1 电-气综合能源系统的优化运行结果

算　　例	算例1	算例2	算例3
运行成本/M$	2.379	2.364	2.374
CO_2排放量/吨	72180	71260	71430
弃风率/%	14.87	5.05	1.60
P2H/P2M吸纳的风电量/(MW·h)	0	1623.5	2194.1

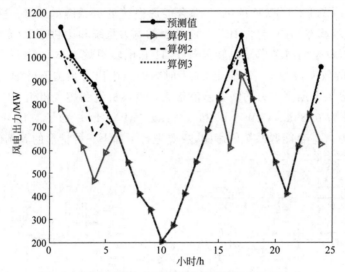

图8-4 风电预测出力及三种算例下的风电实际出力

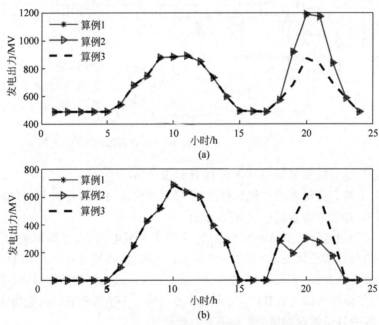

图8-5 三种算例下的燃煤机组以及燃气机组出力对比

（a）燃煤机组的发电出力；（b）燃气机组的发电出力

表 8-2 三种算例下气源点的气体流量对比   Mm³/h

小时	算例1		算例2		算例3	
	气源点1	气源点2	气源点1	气源点2	气源点1	气源点2
1	0.6607	0.4464	0.8289	0.4482	0.8349	0.4318
2	0.6023	0.3715	0.4874	0.3730	0.4088	0.3646
3	0.4406	0.3585	0.5896	0.2304	0.3278	0.3609
4	0.5715	0.3699	0.2926	0.3114	0.5901	0.3653
5	0.4336	0.4457	0.2578	0.2598	0.4925	0.3663
6	0.5761	0.3552	0.4174	0.3122	0.5752	0.3467
7	0.6427	0.3444	0.8188	0.4729	0.6331	0.3756
8	0.7408	0.4027	0.5291	0.4146	0.6143	0.3655
9	0.5004	0.3921	1.1757	0.3856	0.6975	0.3829
10	0.5782	0.3674	0.3656	0.3526	0.6514	0.4517
11	0.5130	0.3675	0.4838	0.4086	0.9102	0.3413
12	0.5738	0.4528	1.0065	0.4475	0.6898	0.3598
13	0.8468	0.3669	0.7166	0.4009	0.5926	0.4209
14	0.4764	0.5356	0.5913	0.4084	0.5278	0.3659
15	0.4719	0.3654	0.5535	0.4263	0.5775	0.3925
16	0.5899	0.3788	0.6969	0.3577	0.6628	0.3632
17	0.6414	0.3655	0.3179	0.4693	0.5383	0.3658
18	0.6824	0.3919	0.8392	0.4344	0.4651	0.4183
19	0.7185	0.3779	0.5652	0.4700	0.9992	0.3289
20	0.8472	0.4535	0.9900	0.3754	0.6496	0.5140
21	0.6178	0.3720	0.7239	0.4707	0.6482	0.4524
22	0.8824	0.3421	0.4444	0.4363	0.5858	0.5398
23	0.5802	0.3610	0.6046	0.3614	0.4966	0.3412
24	0.6157	0.3745	0.4704	0.3831	0.5439	0.4017

表 8-3 三种算例下储气装置的气体流量对比   Mm³/h

小时	算例1			算例2			算例3		
	储气装置1	储气装置2	储气装置3	储气装置1	储气装置2	储气装置3	储气装置1	储气装置2	储气装置3
1	0.0114	−0.0537	−0.1796	0.0535	−0.0181	−0.1024	0.1070	−0.1183	−0.1310
2	0.0030	−0.0777	−0.0430	−0.0836	−0.0663	−0.0325	−0.0530	0.0276	−0.1537
3	−0.0164	−0.0050	−0.2063	−0.0989	0.0283	−0.2020	−0.2000	−0.0674	−0.0692
4	−0.0715	−0.0071	−0.0178	−0.0343	−0.0196	−0.2500	−0.0090	−0.0230	−0.0498
5	−0.2000	−0.0004	−0.0221	−0.2000	−0.0295	−0.2471	0.0284	−0.0600	−0.1171
6	−0.0302	−0.0375	−0.0729	−0.1023	−0.0452	−0.1919	0.0301	−0.0415	−0.2133
7	0.0775	−0.1733	−0.1519	0.1853	−0.1807	0.0007	−0.1232	−0.0534	−0.0149
8	0.0369	−0.0922	−0.0994	−0.1234	−0.1069	−0.0912	−0.0026	−0.1890	−0.1623

续表

小时	算例 1			算例 2			算例 3		
	储气装置 1	储气装置 2	储气装置 3	储气装置 1	储气装置 2	储气装置 3	储气装置 1	储气装置 2	储气装置 3
9	−0.1015	−0.2280	−0.1518	0.3500	−0.1637	−0.0175	0.0130	−0.1882	−0.1251
10	−0.0077	−0.1641	−0.2500	−0.1965	−0.1235	−0.2385	0.1087	−0.2500	−0.1685
11	−0.1414	−0.2252	−0.2203	−0.2000	−0.2500	−0.1278	0.0087	−0.0774	−0.1192
12	−0.0711	−0.2120	−0.0850	0.1091	−0.1225	0.0000	0.0514	−0.1550	−0.1538
13	0.0535	−0.0398	0.0000	0.0106	−0.0588	0.0029	−0.0572	−0.1928	−0.0223
14	−0.0167	−0.2394	0.0000	0.0089	−0.2500	−0.0028	−0.0935	−0.2404	0.0002
15	−0.0624	−0.0812	0.0000	0.0098	−0.0206	0.0015	0.0160	−0.0191	−0.0002
16	0.0591	−0.1411	0.0029	0.0663	−0.0220	−0.0016	−0.0020	0.00364	0.0010
17	0.0058	−0.0151	−0.0012	−0.0781	−0.1695	0.0092	−0.0296	−0.1327	0.0004
18	−0.0074	−0.1900	0.0005	0.1170	−0.0150	0.0000	−0.0983	−0.2229	−0.0014
19	−0.0700	−0.0172	0.0013	0.0160	−0.2427	−0.0092	0.2147	−0.0833	−0.2097
20	−0.0649	0.0000	−0.0036	0.0901	0.0082	0.0000	0.0254	−0.1390	−0.0532
21	−0.1810	0.0000	0.0000	0.00375	−0.1315	0.0000	−0.0703	−0.2500	−0.0324
22	−0.0038	0.0000	0.0000	−0.1999	−0.0005	0.0000	0.0022	−0.0632	0.0000
23	−0.0253	0.0000	0.0028	−0.0248	0.0002	−0.0001	0.0145	−0.1972	0.0000
24	−0.0119	0.0000	−0.0029	−0.1536	−0.0003	0.0000	−0.0428	−0.0261	0.0000

表 8-4　三种算例下 P2H/P2M 的气体流量对比　　　　　　　　Mm³/h

小时	算例 1		算例 2		算例 3	
	P2H/P2M 1	P2H/P2M 2	P2H 1	P2H 2	P2M 1	P2M 2
1	0	0	0.0366	0.0149	0.0126	0.0008
2	0	0	0.0231	0.0232	0.0101	0.0068
3	0	0	0.0296	0.0146	0.0128	0.0054
4	0	0	0.0367	0.0029	0.0223	0.0008
5	0	0	0.0262	0.0030	0.0083	0.0024
6	0	0	0	0	0	0
7	0	0	0	0	0	0
8	0	0	0	0	0	0
9	0	0	0	0	0	0
10	0	0	0	0	0	0
11	0	0	0	0	0	0
12	0	0	0	0	0	0
13	0	0	0	0	0	0
14	0	0	0	0	0	0
15	0	0	0	0	0	0
16	0	0	0.0531	0	0.0204	0

续表

小时	算例 1		算例 2		算例 3	
	P2H/P2M 1	P2H/P2M 2	P2H 1	P2H 2	P2M 1	P2M 2
17	0	0	0.0251	0	0.0064	0
18	0	0	0	0	0	0
19	0	0	0	0	0	0
20	0	0	0	0	0	0
21	0	0	0	0	0	0
22	0	0	0	0.0001	0	0
23	0	0	0	0	0	0
24	0	0	0.0251	0.0205	0.0128	0.0065

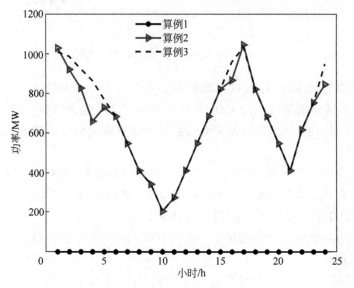

图 8-6　三种算例下 P2H/P2M 消纳的风电功率对比

8.5.2　结果分析

从三种不同算例下的仿真结果可以看出,P2H/P2M 给电-气综合能源系统带来的经济效益和环境效益表现如下:

(1) 仅含有 P2H 的电-气综合能源系统的总运行成本下降了 15000 $,仅含有 P2M 的电-气综合能源系统的总运行成本下降了 5000 $,这是由于一方面 P2H/P2M 消纳了更多的风电而使得燃煤机组和燃气机组出力的下降,进而降低了电力系统的运行成本;另一方面 P2H/P2M 会产出更多的氢气或者甲烷注入到天然气系统中以增加天然气的气体流量,使得天然气系统的运行成本下降。

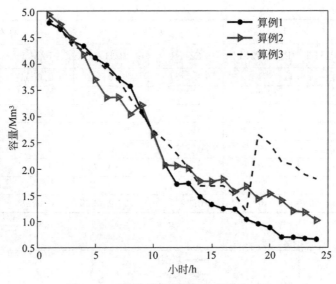

图 8-7　三种算例下储气装置的库容对比

（2）仅含有 P2H 的电-气综合能源系统的 CO_2 排放量减少了 920 吨，仅含有 P2M 的电-气综合能源系统的 CO_2 排放量减少了 750 吨，同样也是得益于 P2H/P2M 消纳了更多的风电，从而使得燃煤机组和燃气机组出力下降，进而 CO_2 排放量得以下降。

（3）风电的消纳率从 14.87％下降到 5.05％（仅含有 P2H）和 1.60％（仅含有 P2M），假设弃风成本为 100＄/（MW·h），那么，节约的弃风成本分别为 1.6×10^5 ＄（仅含有 P2H）和 2.2×10^5 ＄（仅含有 P2M）。

（4）风电的消纳量分别增加了 1623.5MW·h（仅含有 P2H）和 2194.1MW·h（仅含有 P2M）。

通过算例 2 和算例 3 的结果对比可以看出，P2H 和 P2M 在对运行成本、CO_2 排放量、风电消纳等方面的影响均有所不同，具体分析如下：

（1）相比于算例 3，算例 2 的总运行成本下降了 10000＄，主要是由于 P2H 的效率要高于 P2M；此外，算例 2 的 CO_2 排放量相比于算例 3 减少了 170 吨，这主要是因为氢气-天然气混合气体的单位 CO_2 排放量更低；这表明了 P2H 在经济效益和环境效益上均是优于 P2M 的。

（2）相比于算例 2，算例 3 消纳了更多的风电，这主要是因为 P2M 产生的甲烷直接送入天然气网络，无比例限制，补充了更多的天然气，进而还可以减轻天然气系统气源点的压力；而 P2H 产生的氢气送入天然气网络的比例很低，算例中为 3％vol。

（3）相比于算例 2，算例 3 的储气装置容量较高，这是由于 P2M 产生的甲烷为天然气系统补充了更多的容量，同时也导致了部分节点的气体压力的升高，为了将气体压力降到适当的范围,需利用"气负荷动态调整策略"进行处理,进而会增加燃气轮机出力。

通过上述分析可以看出：不论是 P2H 还是 P2M 都能明显提高电-气综合能源系统的新能源消纳率、降低运行成本、减少污染物排放以及降低碳排放。

8.6　小结

本章面向新能源消纳,以运行成本最低为目标,构建了含新能源及 P2H/P2M 的电-气综合能源系统的优化运行模型,不仅处理了电力系统和天然气系统之间的双向能量流动,还考虑了氢气-天然气混合气体的高热值变化,并给出了氢气注入比例越限的处理方法。最后,通过三种不同情形下的算例仿真,分析了 P2H 和 P2M 在降低运行成本、减少 CO_2 排放及污染物排放、降低弃风率等方面的影响。具体而言,运行成本分别降低了 15000 \$(P2H)和 5000 \$(P2M)。CO_2 总排放量分别减少 920 吨(P2H)和 750 吨(P2M)。弃风率分别由 14.87% 下降到 5.05% (P2H)和 1.60%(P2M)。同时也可以看出：相比于 P2H,P2M 在风电消纳、储气容量方面具有优势；而 P2H 在运行成本、CO_2 排放方面具有优势。

第9章

含新能源及P2G的综合能源系统的灵活性评价

9.1 引言

"碳达峰""碳中和"对能源和电力提出更高的要求,尤其是需要加快推进新能源的发展,不断提高新能源的装机容量。但是,由于风电、光伏等新能源出力具有间歇性、随机性和波动性,随着新能源并网比例的增加,对电力系统的安全稳定形成巨大挑战,同时也面临着弃风、弃光等问题的解决。要解决该问题,需要电力系统能够提供足量的灵活性资源以保证系统足够的备用和爬坡能力。因此,亟须探索系统灵活性资源以应对高比例新能源并网要求,并最终实现"双碳"目标。

系统的灵活性是指能够保持电力供需平衡、在意外情况下依然保持电力的连续输出以及应对供需双方不确定性的能力。在电力系统中,燃气轮机作为传统的灵活性资源,在满足负荷波动性方面发挥着重要作用。由于新能源发电对电力系统灵活性有了更高的要求,使得电力系统和天然气网络之间的联系更加紧密。此外,天然气还用于满足一部分热负荷,这会导致冬季供暖期的天然气需求量明显增加。特别是,冬季天然气需求将会以较高的速率攀升,这有可能导致天然气管道中管存以及气体压力的下降。那么,与此同时,作为电力系统主要灵活性资源的燃气轮机的机组出力会因为管存和气体压力的下降而减少,于是,电力系统和天然气系统都将面临灵活性低的挑战。因此,非常有必要进行电-气-热综合能源系统的灵活性研究及评价分析。

国内外学者针对电力系统的灵活性开展了大量的研究,且此方面的研究已经较为成熟。Lannoye 等[198]利用爬坡资源不足的期望矩阵以度量电力系统在长期运行中的灵活性；Guo 等[199]提出一种基于定义及物理机制的电力系统灵活性矩阵；Xu 等[200]针对地区供热单元提出一种计算最大灵活性的三段法；Huo 等[201]给出低碳电力系统的时空灵活性管理框架；Impram 等[202]研究了几种电力系统灵活性的评价方法。然而，上述研究均没有考虑天然气网络对于电力系统灵活性的影响。一般而言，含有新能源和电转气（P2G）的电-气综合能源系统在减碳方面发挥着至关重要的作用，并且在提高系统灵活性方面也具有很大潜力。具体地讲，电转气设备通过将过剩的新能源转化为天然气或者氢气，这会有利于燃气轮机增大机组出力、有利于补充天然气系统的管存，因此有利于电-气综合能源系统灵活性的提高。Ameli[203]等强调了天然气网络的灵活性在有效适应未来电力系统间歇性新能源容量扩充的重要性，除此之外，还研究了采用灵活多向的压缩机站对于电-气综合能源系统运行的益处；Clegg 等[204-205]针对电-气-热综合能源系统，提出一种考虑电力潮流和天然气网络潮流的新方法，用于计算天然气网络的灵活性，并讨论了天然气网络条件对电力系统运行的影响；Chicco 等[206]给出了综合能源系统灵活性评价的综述，重点论述了它为低碳电网提供了可能。上述研究对于电力系统的灵活性、天然气网络的灵活性、综合能源系统的灵活性均取得了一定的成果，对含有新能源和电转气的综合能源系统灵活性的进一步研究具有很好的借鉴意义。

由于电转气（P2G）有助于提高新能源的消纳率、增加天然气供应量，因此，它可以有效提高电-气综合能源系统的灵活性。电转气设备产出的天然气一方面增加了管存、提高了气体压力，另一方面，可以更好地应对由于天然气负荷和热负荷变化而引起的高爬坡速率，尤其是在冬天供暖期间。此外，储气装置在天然气充足时，会进行存储，而在气负荷和热负荷或者电负荷较高时，会输出天然气以供各类负荷使用，所以储气装置也会直接影响系统的灵活性。因此，非常有必要研究和分析含有电转气和储气装置的电-气-热综合能源系统的灵活性。

9.2　灵活性的概念

在传统的电力系统中，电源主要以火电机组、水电机组为主，这些电源的出力可控，具有较强的负荷跟踪能力和一定的调节性能。但是，近年来随着风、光等新能源的大规模并网以及分布式电源的不断发展，使得电源的调节能力有所下降，这主要是由于风、光等新能源出力的间歇性和波动性导致的。再加上各类用电负荷也呈现出明显的峰谷特性，使得系统峰谷差进一步加大，对电力系统的稳定性、安全性提出了更大的挑战。为应对这一挑战，需充分调动各类资源的灵活性，尤其是充分发挥综合能源系统的优势，实现不同系统间灵活性资源的互相转换，不仅保证了各自系统的灵活性资源的增加，还实现了综合能源系统总体灵活性资源的增加。

国际能源署和北美电力可靠性委员会等国际组织给出了电力系统灵活性的定

义。国际能源署将电力系统灵活性定义为在一定经济运行条件下,电力系统对供应或负荷大幅波动做出快速响应的能力。北美电力可靠性委员会将电力系统灵活性定义为利用系统资源满足负荷变化的能力。与此同时,学术领域也开展了大量关于电力系统灵活性的研究。有些研究是将灵活性定义为电力系统利用其灵活性资源应对净负荷变化的能力;另有研究是将电力系统灵活性定义为系统在保证可靠性的基础上应对波动性和不确定性的能力。综合来看,当前电力系统灵活性的定义并不完全统一,总结之前的研究,并在此基础上给出电力系统灵活性的定义为:在满足一定经济性和可靠性的基础上,系统应对负荷变化的能力。这种能力包含向上调节能力和向下调节能力,从电源角度而言,向上调节能力指的是增加系统发出功率的能力,即增发更多出力以满足负荷的增长;向下调节能力指的是降低系统发出功率的能力,即削减出力以满足负荷的减少。

电力系统的灵活性资源分布于电源侧、电网侧和负荷侧,随着"碳达峰""碳中和"目标的提出以及高比例新能源入网的迫切要求,提高电力系统的灵活性已迫在眉睫,灵活性也成为衡量系统运行特性的重要指标之一。接下来介绍电力系统中主要的灵活性资源及其特性。

9.3 主要的灵活性资源及其特性

9.3.1 电源侧灵活性资源及其特性

电源侧的灵活性资源主要包含传统的火电和水电。火电是将化石燃料的化学能转化为电能的发电设备,主要可以分为燃煤发电和燃气发电。影响火电机组灵活性的参数主要包括最小和最大发电出力、爬坡速率等,其中最小和最大发电出力决定了火电机组能够提供的功率调节空间,爬坡速率则决定了机组各时刻之间的调节能力,比如为适应新能源间歇性和波动性而调整其下个时刻的发电出力的响应能力。燃煤发电机组和燃气发电机组的出力特性也有所不同,具体如下:

(1)燃煤发电机组:一般未改造的燃煤机组的最小发电出力为40%~50%的额定容量,如果通过热电解耦、低压稳燃等技术改造,煤电机组的最小发电出力可以降至20%左右的额定容量;燃煤机组的爬坡速度一般为1%~2%额定容量/分钟,近年来一些新装机的燃煤机组爬坡速率可达到3%~6%额定容量/分钟,明显低于燃气发电机组;提高燃煤机组爬坡速率既需要对控制系统进行软件升级,也需要对机组设备进行技术改造;此外,燃煤机组启动时间通常取决于是热态启动、暖态启动还是冷态启动,其中热态启动是指燃煤机组停运时间不足8h情况下的启动,一般在3~5h之间,通过技术改造后,目前国际最先进燃煤机组的热态启动时间可缩短至1.5h左右;暖态启动一般是指燃煤机组已经停运8~48h的启动;冷态启动则表示燃煤机组停机超过48h情况下的启动。

(2) 燃气发电机组：与燃煤发电机组相比，燃气—蒸汽联合循环机组具有启动快、爬坡速率高、调峰性能好、效率高、环保性好等方面的明显优势，常被作为调峰的首选方式。由于燃气发电厂在占地面积、用水量、环保等方面均具有优势，这使得燃气发电厂通常建在负荷中心附近，方便实现就地供电。特别是随着分布式能源的快速发展，燃气发电的优势越来越明显，可以有效减轻电网的输电压力，提高电力系统运行的稳定性和经济性。

另外一个传统的灵活性资源便是水电。水电是利用水的位能进行发电，按水库调节性能可分为多年调节水电站、年调节水电站、季调节水电站、日调节水电站和无调节水电站等。还有将同一河流上下游的多个水电站级联起来，形成的梯级水电站，第4章已有相关描述。水电的调节性能极佳，具有开停机迅速、爬坡速率快、成本低等特点，在电力系统中起着调频、调峰和备用的作用，不同调节能力的水电站各自的出力特性如下：

(1) 多年调节水电站：将多年的天然来水量进行优化分配，多年调节水电站的水库容量一般很大，可以根据历年来的水文资料和实际需要确定当年的发电量和蓄水量，可以将丰水年所蓄水量留到平水年或枯水年使用，以保证水电站的可调节能力；此外，多年调节水电站对于天然洪水也具有较强的调控能力，不仅能满足电力系统调节需要，还可以通过水库调度实现错洪减洪等，对防汛工作具有十分重要的作用。

(2) 年调节水电站：可以实现对一年内每个月的天然径流量进行优化分配，将汛期多余的水量存入水库，以保证枯水期的用水灌溉和发电。

(3) 季调节水电站：一般具有相对较大的水库库容，可以根据当年河流的来水情况确定在某一季节的蓄水量和发电量。比如，在汛期多发电多蓄水，所蓄水量可供枯水期使用，以保证枯水期的用水和发电等，达到对电力系统进行调节的目的。

(4) 日调节水电站：水库的库容一般较小，相应的蓄水能力和调节负荷的能力较弱，水电站只能根据上游的来水情况、库容情况和降雨量安排一天的发电量和用水量。

(5) 无调节水电站：也就是径流式水电站，没有水库，来水量直接决定发电量。

9.3.2 电网侧灵活性资源及其特性

电网是输送电力的载体，也是实现电力系统灵活性的关键，良好的电网建设与运行调度能够保障电力供给的安全性和可靠性，增强电力系统消纳新能源的能力。电网侧灵活性资源特性如下：

(1) 互联互通、互补互济

大型电力系统一般会划分为多个区域电网，各个区域电网会通过联络线进行连接，以实现区域间的电力和电量交换。也就是说区域电网可以成为另一个区域电网的电源供给者，也可以成为它的负荷。电网互联互通互补互济可以利用各地区用电的非同时性进行负荷调整，减少备用容量和装机容量，增强系统抵御事故的能力，提高电网的安全性和可靠性；更重要的是可以在很大程度上提高消纳风、光等新能源的能力。

除了电网内的互联互通,还有不同能源系统间的互联互通,比如电网与天然气系统、热能系统的互补互济,也就是综合能源系统,可以在更大范围内配置各种类型的资源和资源间的互相转换,进而提高综合能源系统及其各个能源系统的灵活性。

(2) 微电网

微电网以分布式发电技术为基础,由分布式电源、负荷、储能和控制系统等组成,是一个可以独立运行的单元,根据电力系统或自身需要实现孤岛模式与并网模式间的无缝转换,有利于提高电力系统的可靠性、电能质量以及灵活性。微电网并网运行时,可以作为大电网的负荷,能实现秒级响应以满足电网需要;此外,微电网中一般也会包含具有间歇性和波动性的分布式新能源,需要通过储能和控制系统来平滑输出波动,提高新能源的消纳量。因此,微电网可以有效提高系统的灵活性。

(3) 储能

储能可为电力系统发出或吸收大量的有功功率,储能也是电力系统灵活性的重要来源之一,可满足不同时间尺度下系统灵活性的需求。目前常见的储能主要有电池储能、抽水蓄能、飞轮储能、压缩空气储能等,其中电池储能和飞轮储能响应时间很短,但存储容量较小,经济性较差;压缩空气储能存储容量大,最大可至百吉瓦时,但响应时间较慢。相比之下,抽水蓄能是当前电力系统重要的灵活性资源,抽水蓄能在负荷低谷期将多余的电能转化为水的势能存储起来,以便于在负荷高峰期进行水力发电以供给高峰期的负荷使用。储能不仅可以削峰填谷、平滑负荷、补偿负荷波动,还可以提高系统运行的稳定性、可靠性,尤其是储能与新能源的结合,可以起到提高新能源消纳率的作用。

(4) 柔性输电

柔性交流输电通过结合现代控制技术,可使电网电压、线路阻抗及功率角等按系统的需要迅速进行相应的调整;在不改变网络结构的情况下,使电网的功率传输能力以及潮流和电压的可控性得到提高。比如,在较大范围内控制潮流使之按照指定路径流动;在控制区域内传输更多的功率,减少发电机组的热备用。柔性交流输电可以有效降低发电成本和功率损耗,大幅度提高电网稳定性、可靠性以及灵活性。因此,也可以将柔性输电看作一种灵活性资源。

9.3.3　负荷侧灵活性资源及其特性

负荷侧管理是提高电力系统灵活性的另一个重要手段,它通过采取各种措施引导用户优化用电方式,以此调整负荷大小,实现负荷在时间和空间的移动,不仅可以平抑负荷的波动性,减小峰谷差,提高电网利用率,而且还可以调动负荷侧的响应资源来满足系统灵活性的需求,有利于新能源的消纳以及系统的安全可靠稳定运行。负荷侧管理也被广泛认为是一种虚拟的发电资源,可以实现不同容量的秒级、分钟级等不同时间尺度的响应,以提升电力系统的灵活性。

常见的负荷侧管理主要分为电价型负荷侧管理和激励型负荷侧管理。其中,电价型负荷侧管理主要根据负荷特性,发挥价格的杠杆作用以调节电力供求关系,刺激和鼓励用户改变消费行为和用电方式,增加或减少电力需求和电量消耗。目前常用的手段包括:

(1) 调整电价结构:国内外的常用方法主要是通过价格体现电能的市场差别,比如设立容量电价、峰谷电价、季节性电价和可中断负荷电价等,不仅可以提高电网实施负荷侧管理的积极性,还可以增加用户参与负荷侧管理的主动性。

(2) 负荷侧竞价:用户采取节电等措施减少负荷,减少的电力和电量可以通过招标、拍卖和期货等方式在电力交易所进行交易,获取相应的经济回报。

(3) 直接奖励:给予优质节电用户、削峰填谷用户等适当的补贴,吸引更多的用户参与负荷侧管理,提高参与积极性。

另一种激励型负荷侧管理,则是针对具体的生产方式或是生活习惯,通过行政等手段对其用电方式进行管理和约束,以推动采用先进节电技术和设备来提高终端用电效率的用电方式。目前激励型负荷侧管理具体包括:

(1) 改变用电方式:利用控制器等自控装置实现负荷的间歇和循环控制,实现负荷的错峰和平移;通过行政手段,安排用户进行有序用电,比如电动汽车的有序充电等都属于有序用电行为,削减负荷的高峰,抬高负荷的低谷,即进行负荷的有效转移,也就是我们常说的削峰填谷。

(2) 提高终端用电效率:推广节能型电器,比如节能电冰箱、节能电热水器、变频空调、节能热水器等,推动用户选择高效节能电器替代传统低效的电器,实现节电运行,提高用电效率。

9.4　含 P2G 的电-气-热综合能源系统中各气体流量的计算方法

在电-气-热综合能源系统[207]中,部分热负荷是由天然气提供的,这便会影响天然气系统中天然气的供给以及气源点的爬坡速率;连接电力系统和天然气系统的电转气(P2G)和燃气轮机是两个系统的灵活性资源,电转气既是电力负荷,又是气源点,燃气轮机既是天然气负荷,又是电源;由于评价分析综合能源系统的灵活性必须建立在该综合能源系统运行方案已知的情况下,故而,下面先介绍含有新能源、P2G 及储气装置的电-气-热综合能源系统的优化运行模型。

9.4.1　供给热负荷和燃气轮机的气体流量

对于 t 时刻供给热负荷的天然气流量 $Q_{HD}(t)$,以及 t 时刻供给燃气轮机的天然气流量 $Q_{GT}(t)$,可以采用下面的公式(9-1)和公式(9-2)进行计算。

$$Q_{HD}(t) = \frac{E_{heat}(t)}{\eta_{heat} \cdot LHV} \tag{9-1}$$

$$Q_{GT}(t) = \frac{P_{GT}(t)}{\eta_{GT} \cdot HHV} \tag{9-2}$$

式中，$E_{heat}(t)$ 为 t 时刻的热负荷；η_{heat} 为天然气转化为热能的效率；LHV 为天然气的低热值(天然气供热时,文中采用其低热值进行计算)；$P_{GT}(t)$ 为 t 时刻燃气轮机的发电功率；η_{GT} 为燃气轮机的效率；HHV 为天然气的高热值(天然气发电时,文中采用其高热值进行计算)。

9.4.2 电转气输出的气体流量

电转气(P2G)利用弃风或者弃光,通过电解水和甲烷化过程将电能转化为甲烷输出,可以直接注入到天然气网络中。对于 t 时刻 P2G 输出的天然气流量 $Q_{P2G}(t)$ 与 P2G 消耗的电功率 $P_{P2G}(t)$,之间的关系可以表示如下：

$$Q_{P2G}(t) = \frac{P_{P2G}(t) \cdot \eta_{P2G}}{HHV} \tag{9-3}$$

式中,η_{P2G} 为 P2G 将电能转化为甲烷的效率。

9.4.3 管道的气体流量方程

天然气系统运行中需满足流体力学质量守恒定律和伯努利方程。管道中的气体流量和节点的气体压力之间的关系可表示如下：

$$\frac{Q_{ij}^{in}(t) + Q_{ij}^{out}(t)}{2} \left| \frac{Q_{ij}^{in}(t) + Q_{ij}^{out}(t)}{2} \right| = C_{ij}(M_i(t)^2 - M_j(t)^2) \tag{9-4}$$

式中,$Q_{ij}^{in}(t)$ 为 t 时刻管道 ij 注入的气体流量；$Q_{ij}^{out}(t)$ 为 t 时刻管道 ij 流出的气体流量；$M_i(t)$,$M_j(t)$ 分别为 t 时刻节点 i 和节点 j 的气体压力；C_{ij} 为与管道 ij 的压缩因子、长度、直径、温度等因素有关的常数。

9.4.4 压缩机消耗的气体流量

天然气系统中的压缩机主要用于提升管道中的气体压力以维持天然气的正常传输。对于 t 时刻压缩机 s 消耗的天然气流量与流过压缩机的天然气流量、压缩机效率以及气体节点压力之间的关系,可以描述如下(同第 7 章)：

$$Q_{c,s}^{consume}(t) = \beta_{c,s} P_{c,s}(t) \tag{9-5}$$

$$P_{c,s}(t) = \frac{Q_{c,s}(t)}{\eta_{c,s} \cdot \tau} \cdot \left[\left(\frac{M_{o,s}(t)}{M_{i,s}(t)} \right)^{\tau} - 1 \right] \tag{9-6}$$

式中,$Q_{c,s}^{consume}(t)$ 为 t 时刻压缩机 s 消耗的天然气流量；$\beta_{c,s}$ 为压缩机 s 的能量转换系数；$P_{c,s}(t)$ 为 t 时刻压缩机 s 消耗的功率；$Q_{c,s}(t)$ 为流过压缩机 s 的天然气流量；$\eta_{c,s}$ 为压缩机 s 的效率；α 为压缩机的多变指数,$\tau = (\alpha - 1)/\alpha$；$M_{o,s}(t)$ 为 t 时刻压缩机 s 输出端的气体压力；$M_{i,s}(t)$ 为 t 时刻压缩机 s 输入端的气体压力。

9.5　含新能源、P2G 及储气装置的电-气-热综合能源系统优化运行模型

针对含有新能源、P2G 及储气装置的电-气-热综合能源系统,构建了多目标环境经济优化运行模型,同时考虑了运行成本以及污染气体排放量。目标函数及约束条件具体描述如下。

9.5.1　目标函数

目标函数主要包含运行成本最低和污染气体排放量最小,在电力机组的运行成本中考虑了阀点效应以更准确地描述燃料费用。其表达式为

$$\min \quad C = \sum_{t=1}^{T} \Big(\sum_{i=1}^{N_G} F_i^{\text{power}}(t) + \sum_{j=1}^{N_w} F_j^{\text{well}}(t) + \sum_{m=1}^{N_{gs}} F_m^{\text{gs}}(t) + \sum_{k=1}^{N_{P2G}} F_k^{\text{P2G}}(t) \Big) \tag{9-7}$$

$$\min \quad E = \sum_{t=1}^{T} \sum_{i=1}^{N_G} \big[\alpha_i + \beta_i P_{G,i}(t) + \gamma_i P_{G,i}(t)^2 + \delta_i e^{\lambda_i P_{G,i}(t)} \big] \tag{9-8}$$

$$F_i^{\text{power}}(t) = a_i + b_i P_{G,i}(t) + c_i P_{G,i}^2(t) + d_i \mid \sin[e_i(P_{G,i}(t) - P_{G,i}^{\min})] \mid \tag{9-9}$$

$$F_j^{\text{well}}(t) = Q_{w,j}(t) U_{w,j}(t) \tag{9-10}$$

$$F_m^{\text{gs}}(t) = Q_{gs,m}(t) U_{gs,m}(t) \tag{9-11}$$

$$F_k^{\text{P2G}}(t) = P_{P2G,k}(t) U_{P2G,k}(t) \tag{9-12}$$

式中,C 为电-气-热综合能源系统的运行成本;E 为电-气-热综合能源系统的污染气体排放量;T 为时间间隔数;$P_{G,i}(t)$ 为 t 时刻电力机组 i 的发电出力;α_i、β_i、γ_i、δ_i、λ_i 分别为电力机组 i 的污染气体排放量系数;a_i、b_i、c_i、d_i、e_i 为电力机组 i 的燃料费用系数;$P_{G,i}^{\min}$ 为电力机组 i 的发电出力最小值;N_G、N_w、N_{gs}、N_{P2G} 分别为电力机组个数、气源点个数、储气装置个数、P2G 装置个数;$F_i^{\text{power}}(t)$ 为 t 时刻电力机组 i 的燃料费用;$F_j^{\text{well}}(t)$ 为 t 时刻气源点 j 的天然气费用;$Q_{w,j}(t)$ 为 t 时刻气源点 j 的气体流量;$U_{w,j}(t)$ 为 t 时刻气源点 j 的天然气单价;$F_m^{\text{gs}}(t)$ 为 t 时刻储气装置 m 的运行成本;$Q_{gs,m}(t)$ 为 t 时刻储气装置 m 的气体流量;$U_{gs,m}(t)$ 为 t 时刻储气装置 m 的单位运行成本;$F_k^{\text{P2G}}(t)$ 为 t 时刻 P2G k 的运行成本;$P_{P2G,k}(t)$ 为 t 时刻 P2G k 的耗电功率;$U_{P2G,k}(t)$ 为 t 时刻 P2G k 的单位运行成本;

9.5.2　约束条件

(1) 等式约束

等式约束主要包括电力负荷平衡约束、天然气系统中各节点的天然气流量动态平衡方程以及管存方程。它们的表达式分别为

$$P_D(t) + \sum_{k=1}^{N_{P2G}} P_{P2G,k}(t) - \sum_{i=1}^{N_G} P_{G,i}(t) = 0 \tag{9-13}$$

$$\sum_{n \in i} Q_{\text{w},n}(t) + \sum_{m \in i} Q_{\text{gs},m}(t) + \sum_{k \in i} Q_{\text{P2G},k}(t) + \sum_{j \in \text{Set\_}O(i)} Q_{ij}^{\text{out}}(t) -$$

$$\sum_{j \in \text{Set\_}I(i)} Q_{ij}^{\text{in}}(t) - Q_{\text{GT},i}(t) - Q_{\text{GD},i}(t) - Q_{\text{HD},i}(t) = 0 \tag{9-14}$$

$$L_{ij}(t) = L_{ij}(t-1) + Q_{ij}^{\text{in}}(t) - Q_{ij}^{\text{out}}(t) \tag{9-15}$$

式中，$P_{\text{D}}(t)$ 为 t 时刻的电力负荷；$Q_{\text{GT},i}(t)$ 为 t 时刻节点 i 处燃气轮机的气体流量；$Q_{\text{GD},i}(t)$ 为 t 时刻节点 i 处的气负荷；$Q_{\text{HD},i}(t)$ 为 t 时刻节点 i 处供给热负荷的气体流量；$\text{Set\_}I(i)$ 为将节点 i 作为天然气管道 ij 的输入节点的管道集合；$\text{Set\_}O(i)$ 为将节点 i 作为天然气管道 ij 的输出节点的管道集合；$L_{ij}(t)$ 为 t 时刻管道 ij 的管存。

（2）不等式约束

不等式约束主要包括发电出力限制、机组爬坡限制、气源点的气体流量限制、储气装置的气体流量限制、P2G 的气体流量限制、天然气系统节点压力限制、储气装置的容量限制等，可以用下式进行统一描述。

$$X_p^{\min} \leqslant X_p(t) \leqslant X_p^{\max} \tag{9-16}$$

式中，$X_p(t)$ 为 t 时刻第 p 个状态变量；$X_p^{\min}$，$X_p^{\max}$ 分别为 t 时刻第 p 个状态变量的最小值与最大值。

9.6　含新能源、P2G 及储气装置的电-气-热综合能源系统灵活性评价模型

9.6.1　灵活性评价模型

基于管道的管存、储气装置的容量构建了含新能源、P2G 及储气装置的电-气-热综合能源系统的灵活性评价模型。具体描述如下：

$$F = \sum_{t=1}^{T} \frac{\sum_{k=1}^{N_{\text{PL}}} F_{p,k}(t)}{Q_{\text{GL}}(t) + Q_{\text{HL}}(t) + Q_{\text{GT}}(t)} \tag{9-17}$$

式中，N_{PL} 为天然气系统的管道个数；$F_{p,k}(t)$ 为 t 时刻管道 k 的灵活性指标，即管存冗余度以及所在处储气装置的容量冗余度之和，该指标值越大，灵活性越好；$Q_{\text{GL}}(t)$ 为 t 时刻的气负荷值；$Q_{\text{HL}}(t)$ 为 t 时刻的热负荷值；$Q_{\text{GT}}(t)$ 为 t 时刻供给燃气轮机的气体流量值。

气负荷、热负荷、燃气轮机的耗气量直接影响管道的管存以及储气装置的容量，并进而影响系统的灵活性，由于系统中各条管道对应节点的气负荷、热负荷、对燃气轮机供给天然气情况各不相同，因此接下来，根据管道的不同情形，给出相应的灵活性指标 $F_{p,k}(t)$。

情形 1：管道 k 处只有气负荷/热负荷

该情形下的灵活性指标主要考虑管存的冗余度，即

$$F_{\mathrm{p},k}(t) = \mathrm{LP}_k(t) - \mathrm{LP}_k^{\min} \tag{9-18}$$

$$\mathrm{LP}_k^{\min} = \omega_k \frac{M_{k,i}^{\min} + M_{k,j}^{\min}}{2} \tag{9-19}$$

式中，$\mathrm{LP}_k(t)$为t时刻管道k的管存；$\mathrm{LP}_k^{\min}$为管道k的最小管存；$M_{k,i}^{\min}$，$M_{k,j}^{\min}$分别为管道k两端节点i和j的气体压力值。

情形2：管道k处只有储气装置

该情形下的灵活性指标主要考虑储气装置的天然气冗余度，即

$$F_{\mathrm{p},k}(t) = \min\{\mathrm{LP}_k(t) - \mathrm{LP}_k^{\min}, V_{\mathrm{gs}}^{\max} - V_{\mathrm{gs}}(t), Q_{\mathrm{gs}}^{\max}\} + V_{\mathrm{gs}}(t) \tag{9-20}$$

式中，$V_{\mathrm{gs}}(t)$为t时刻储气装置的容量；$V_{\mathrm{gs}}^{\max}$为储气装置的最大容量；$Q_{\mathrm{gs}}^{\max}$为储气装置的最大气体流量。

情形3：管道k处只有燃气轮机

该情形下的灵活性指标主要取决于管存的冗余度与燃气轮机消耗的天然气流量，即

$$F_{\mathrm{p},k}(t) = \min\{\mathrm{LP}_k(t) - \mathrm{LP}_k^{\min}, Q_{\mathrm{GT}}^{\mathrm{p}}\} \tag{9-21}$$

$$Q_{\mathrm{GT}}^{\mathrm{p}} = \frac{P_{\mathrm{GT}}^{\max} - P_{\mathrm{GT}}(t)}{\eta_{\mathrm{GT}} \cdot \mathrm{HHV}} \tag{9-22}$$

式中，$P_{\mathrm{GT}}^{\max}$为燃气轮机的最大发电出力。

情形4：管道k处有气负荷/热负荷以及储气装置

该情形下的灵活性指标主要取决于管存的冗余度和储气装置的冗余度，即

$$F_{\mathrm{p},k}(t) = \mathrm{LP}_k(t) - \mathrm{LP}_k^{\min} + V_{\mathrm{gs}}(t) \tag{9-23}$$

情形5：管道k处有气负荷/热负荷以及燃气轮机

该情形下的灵活性指标的计算方式同情形1。

情形6：管道k处有燃气轮机以及储气装置

该情形下的灵活性指标主要取决于燃气轮机消耗的天然气流量、管存的冗余度以及储气装置的冗余度，即

$$F_{\mathrm{p},k}(t) = \min\{\mathrm{LP}_k(t) - \mathrm{LP}_k^{\min}, Q_{\mathrm{GT}}^{\mathrm{p}} + \min\{V_{\mathrm{gs}}^{\max} - V_{\mathrm{gs}}(t), Q_{\mathrm{gs}}^{\max}\}\} + V_{\mathrm{gs}}(t) \tag{9-24}$$

情形7：管道k处有气负荷/热负荷、储气装置以及燃气轮机

该情形下的灵活性指标的计算方式同情形4。

9.6.2　流程图

上述构建的灵活性评价模型用于判定电-气-热综合能源系统的灵活性，而灵活性评价模型中的灵活性指标的计算则是建立在电-气-热综合能源系统运行参数的基础之上，即需要首先得到电-气-热综合能源系统的优化运行参数，本书采用的是同时考虑环境效益和经济效益的优化运行方案，对于该多目标多约束非线性多耦合的复杂系统的优化运行问题，采用了改进的多目标黑洞粒子群优化算法，算法的具体描述具体可参见第2章内容；涉及的等式和不等式约束的处理方法同第7

章和第 8 章的约束处理方法。总的流程图如图 9-1 所示。

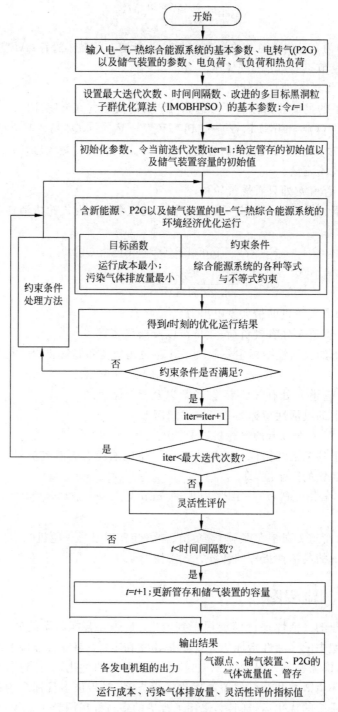

图 9-1　总流程图

9.7 仿真算例及结果分析

9.7.1 算例数据

含新能源、P2G以及储气装置的电-气-热综合能源系统的结构图如图9-2所示。其中,电力系统含有39个节点、5个燃煤机组、3个燃气轮机和2个风电机组,总发电装机容量为3903MW;天然气系统含有24条管道2个气源点、3个储气装置和2个压缩机;另有2个P2G装置连接风电场与天然气系统。电负荷曲线、气负荷曲线以及热负荷曲线如图9-3所示。从图9-3可以看出,最大的电负荷出现在时刻19:00,最大的气负荷/热负荷出现在时刻20:00。电力机组的运行成本系数、污染气体排放量系数以及天然气系统各类成本系数分别见表9-1、表9-2和表9-3;初始管存为 0.952MSm^3 ,储气装置的初始容量分别为 0MSm^3 、 0MSm^3 和 0.003MSm^3 。通过MATLAB编程,根据上述构建的综合能源系统的优化运行模型以及灵活度评价模型进行了仿真计算,并考虑了两种情形,一种是含有P2G,另一种是不含有P2G。接下来通过分析两种情形下的仿真结果,给出P2G对于电-气-热综合能源系统优化运行的影响以及对系统灵活性的影响。

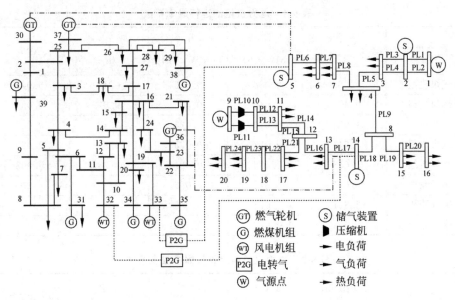

图9-2 含新能源、P2G以及储气装置的电-气-热综合能源系统的结构图

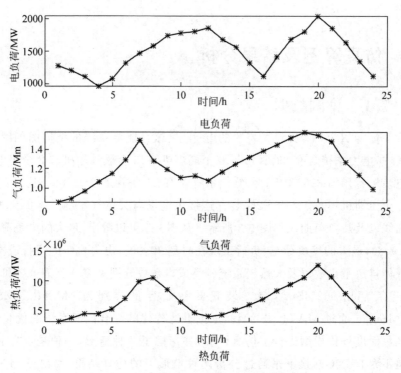

图 9-3 电负荷曲线、气负荷曲线和热负荷曲线

表 9-1 电力机组的运行成本系数

电力机组	$a/(10^3\ \$/h)$	$b/(10^3\ \$/(MW \cdot h))$	$c/(\$/(MW^2 \cdot h))$	$d/(10^3\ \$/h)$	e/MW^{-1}
燃煤机组 1	0.786	0.038	0.152	0.45	0.041
燃煤机组 2	0.451	0.046	0.106	0.6	0.036
燃煤机组 3	1.05	0.041	0.028	0.32	0.028
燃煤机组 4	1.244	0.038	0.035	0.26	0.052
燃煤机组 5	1.658	0.036	0.021	0.28	0.063
燃气轮机 1	2.713	0.076	0.036	—	—
燃气轮机 2	2.801	0.074	0.028	—	—
燃气轮机 3	2.904	0.073	0.024	—	—

表 9-2 电力机组的污染气体排放量系数

电力机组	$\alpha/(10^3\ lb/h)$	$\beta/(lb/(MW \cdot h))$	$\gamma/(lb/(MW^2 \cdot h))$	$\delta/(lb/h)$	λ/MW^{-1}
燃煤机组 1	0.103	−2.444	0.031	0.504	0.021
燃煤机组 2	0.103	−2.444	0.031	0.504	0.021

续表

电力机组	$\alpha/(10^3\,\mathrm{lb}/\mathrm{h})$	$\beta/(\mathrm{lb}/(\mathrm{MW}\cdot\mathrm{h}))$	$\gamma/(\mathrm{lb}/(\mathrm{MW}^2\cdot\mathrm{h}))$	$\delta/(\mathrm{lb}/\mathrm{h})$	λ/MW^{-1}
燃煤机组 3	0.3	−4.07	0.051	0.497	0.02
燃煤机组 4	0.3	−4.07	0.051	0.497	0.02
燃煤机组 5	0.32	−3.813	0.034	0.497	0.02
燃气轮机 1	0.103	−3.902	0.015	0.163	0.02
燃气轮机 2	0.11	−3.902	0.016	0.172	0.021
燃气轮机 3	0.11	−3.902	0.016	0.172	0.021

表 9-3　天然气系统各类成本参数

项　目	费　用
气源点 1 的天然气单价/(M\$/MSm³)	0.036
气源点 2 的天然气单价/(M\$/MSm³)	0.043
储气装置 1 的单位运行成本/(M\$/MSm³)	0.034
储气装置 2 的单位运行成本/(M\$/MSm³)	0.03
储气装置 3 的单位运行成本/(M\$/MSm³)	0.03
P2G 1 的单位运行成本/(M\$/MW)	35.55
P2G 2 的单位运行成本/(M\$/MW)	35.55

9.7.2　P2G 对电-气-热综合能源系统的运行影响

含 P2G 和不含 P2G 两种情形下电-气-热综合能源系统的优化运行结果见表 9-4。图 9-4 和图 9-5 分别给出了含 P2G 和不含 P2G 时的风电机组的出力以及弃风功率,图 9-6 给出了燃煤机组和燃气轮机的发电出力。此外,天然气系统中管道的管存以及节点 6 的气体压力如图 9-7 和图 9-8 所示,气源点的气体流量、储气装置的气体流量及容量如图 9-9、图 9-10 和图 9-11 所示。

表 9-4　含 P2G 和不含 P2G 两种情形下电-气-热综合能源系统的优化运行结果

情形	费用/M\$	SO_x 等污染物排放量/吨	CO_2 排放量/10^4 吨	弃风量	P2G 增加的风电量/(MW·h)
不含 P2G	2.510	18.811	6.286	25.58%	0
含 P2G	2.503	18.021	6.224	4.22%	6266.742

从上述结果可以看出,相比于不含 P2G 的综合能源系统,含有 P2G 的综合能源系统在以下几个方面均具有明显优势。

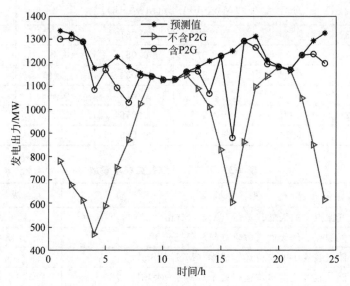

图 9-4   含 P2G 和不含 P2G 时的风电机组出力以及风电机组的预测出力

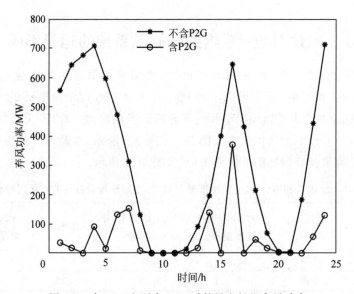

图 9-5   含 P2G 和不含 P2G 时的风电机组弃风功率

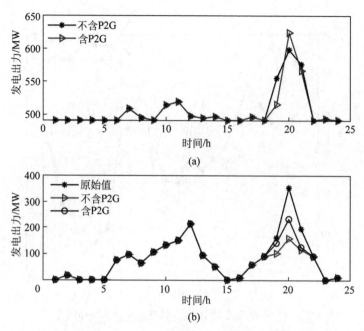

图 9-6　不含 P2G 和含 P2G 时燃煤机组以及燃气机组的发电出力
（a）燃煤机组的发电出力；（b）燃气机组的发电出力

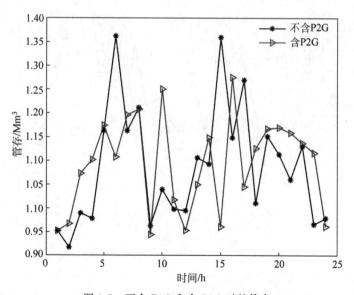

图 9-7　不含 P2G 和含 P2G 时的管存

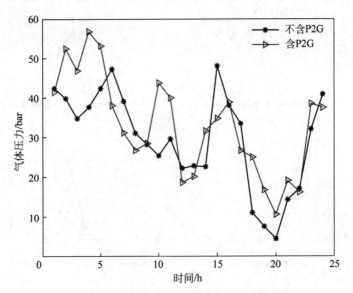

图 9-8　不含 P2G 和含 P2G 时节点 6 处的气体压力

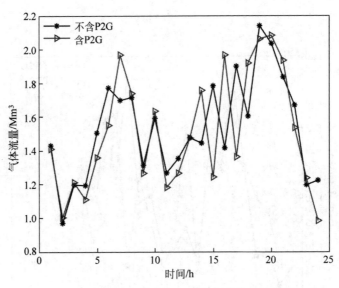

图 9-9　不含 P2G 和含 P2G 时气源点的气体流量

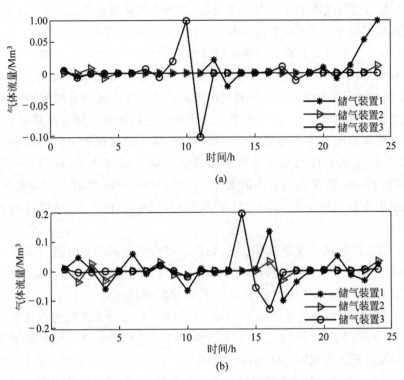

图 9-10　不含 P2G 和含 P2G 时储气装置的气体流量

（a）不含 P2G 时储气装置的气体流量；（b）含 P2G 时储气装置的气体流量

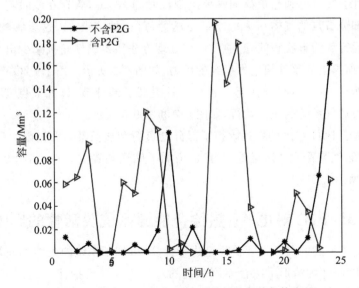

图 9-11　不含 P2G 和含 P2G 时储气装置的气体容量

（1）总的运行成本下降了 7000＄,SO_x 等污染气体排放量减少了 790kg,如果假设风电机组的年利用小时数为 2500 小时(P2G 相应的年利用小时数也可以认为是 2500h),相应地可以估算出年均运行成本可节约 $7.3×10^5$＄,污染气体排放量年均可减少约 82.3 吨；运行成本下降的主要原因是 P2G 将弃风转化为甲烷补充了天然气,减少了从气源点购买天然气的成本；污染气体排放量减少的主要原因是由于天然气得到补充后,燃气轮机的出力增加进而减少了燃煤机组的出力,又由于燃气轮机单位发电出力的污染气体排放量低于燃煤机组单位发电出力的污染气体排放量,从而使得总污染气体排放量下降。具体来讲,从图 9-6 可以看出,在时刻 20:00 燃煤机组出力增加了 25.895MW,但在时刻 19:00 和 21:00,燃煤机组出力分别减少了 39.938MW 和 9.760MW,总体来看,燃煤机组的发电出力下降。

（2）CO_2 的排放量减少了 620 吨,如果依然按照年利用小时数为 2500h 进行计算的话,年均 CO_2 的排放量减少了约 6.46 万吨；CO_2 排放量减少的主要原因是气源点流量的下降以及甲烷化过程中对于 CO_2 的吸收。

（3）风电机组的发电量增加了 6266.742MW·h,如果按照风电机组的年利用小时数为 2500h 的话,可以估算出风电消纳量增加了 652.8GW·h,在新能源消纳方面的作用是极为可观的,风电的弃风率从 25.58％下降到 4.22％,这部分增加的风电通过 P2G 转化为甲烷直接存储在天然气系统中,不仅可以增加管存还可以有效缓解气负荷和热负荷的高峰供应压力。

（4）由于气负荷和热负荷的峰值出现在时刻 20:00,管存在该时刻出现不足,并且使得部分节点的气体压力低于最小压力值(比如节点 6),这会影响天然气系统的正常运行。为解决该问题,通过约束处理方法使得燃气轮机减少出力,即减少气负荷,进而再去调整其他电力机组的出力,如图 9-6 所示。由于 P2G 产出的甲烷注入到天然气系统中,有效补充了管存并且提高了部分节点(如节点 6)的气体压力以维持天然气系统的正常运行,如图 9-7 和图 9-8 所示。

（5）由于 P2G 产出的甲烷承担了部分气负荷和热负荷,因此减小了气源点的气体流量、储气装置的气体流量,并且还增加了储气装置的容量,如图 9-9、图 9-10 和图 9-11 所示。

9.7.3 P2G 对电-气-热综合能源系统灵活性的影响

根据上述构建的灵活性评价模型进行计算,得到了系统的天然气冗余量、不含 P2G 和含 P2G 两种情形下综合能源系统的总灵活性评价指标(见表 9-5),并且在表 9-6 中给出了每小时的灵活性指标。

表 9-5 系统的天然气冗余量以及灵活性评价指标(不含 P2G 和含 P2G)

情　形	天然气冗余量/Mm³	总灵活性评价指标
不含 P2G	10.267	0.244
含 P2G	11.749	0.419

表 9-6 系统每小时的灵活性指标(不含 P2G 和含 P2G)

小时	1	2	3	4	5	6	7	8	9	10	11	12
不含 P2G	0.0137	0.0063	0.0051	0.0052	0.0066	0.0081	0.0086	0.0062	0.0172	0.0835	0.0048	0.0057
含 P2G	0.0131	0.0091	0.0070	0.0068	0.0068	0.0054	0.0052	0.0183	0.0177	0.0078	0.0052	0.0046

小时	13	14	15	16	17	18	19	20	21	22	23	24
不含 P2G	0.0062	0.0055	0.0081	0.0063	0.0132	0.0040	0.0047	0.0044	0.0043	0.0061	0.0050	0.0057
含 P2G	0.0059	0.1460	0.0962	0.0107	0.0044	0.0047	0.0047	0.0057	0.0056	0.0062	0.0095	0.0125

由于利用 P2G 将弃风转化为甲烷并输入给天然气系统,天然气的冗余度从 10.267Mm³ 增加到 11.749Mm³(增加了 14.43%),相应的灵活性评价指标由 0.244 增长到 0.419(增长了 71.72%)。从图 9-3 中可以看到电负荷、气负荷以及热负荷的峰值基本都出现在时刻 20:00,并且在该时刻并没有发生弃风现象,也就是说电-气-热综合能源系统在各类负荷达到峰值时,风电已经充分利用并未弃风,那么,此时系统面临着可靠性稳定性的挑战,系统的灵活性资源显得格外重要。如果燃气轮机没有下调出力,那么相应的气负荷便没有减小,从而会使得天然气系统中节点 6 的气体压力低于最小压力值,这便意味着天然气系统将无法正常工作。如果调整燃气轮机的出力,进而减小气负荷值,从图 9-8 中依然会发现节点 6 的气体压力值低于允许的最小压力值(10bar),尽管此时没有弃风,但是当含有 P2G 时,之前时刻的弃风均可以转化为甲烷存储在天然气系统或者储气装置中以备负荷高峰期使用,这便是含 P2G 的电-气-热综合能源系统的灵活性得以明显提升的主要原因。

总之,电-气-热综合能源系统的灵活性指标从 0.244 增长到 0.419,增强了系统应对气负荷/热负荷高峰时的爬坡能力;管道中充足的管存可以保证天然气系统正常允许所需的气体压力以及提高了供应燃气轮机发电的能力。

9.8　小结

本章针对含新能源、P2G 以及储气装置的电-气-热综合能源系统,提出了一种同时考虑经济效益和环境效益的优化运行模型,并给出了基于管存和储气装置冗余度的灵活性评价指标模型,以此评价 P2G 对于综合能源系统灵活性的影响。算例结果表明,P2G 使得系统运行成本降低了 7000 \$,SO_x 等污染物排放量减少了 790kg,CO_2 排放量减少了 620 吨,使得风电消纳率从 74.42% 增加到 95.78%。总之,P2G 的加入,显著提高了综合能源系统的灵活性,灵活性评价指标增长了 71.72%,不仅增加了风电消纳量、减少碳排放、减少 SO_x 等污染物的排放、降低运行成本,还保证了燃气轮机的出力、减轻了对于气源点供气量的依赖以及有效避免了天然气系统中气体压力在负荷高峰期的大幅跌落。

参 考 文 献

[1] 习近平在第七十五届联合国大会一般性辩论上的讲话[EB/OL]. [2020-9-22]. http://www.xinhuanet.com/politics/leaders/2020-09/22/c_1126527652.htm.

[2] 科学构建新型电力系统,推动能源电力产业链升级[J]. 科技导报,2021,39(16):53-55; doi:10.3981/j.issn.1000-7857.2021.16.010.

[3] 全球能源互联网合作发展组织. 中国2030年能源电力发展规划研究及2060年展望[R]. 2021.03.

[4] 曾鸣,王永利,张硕,等,综合能源系统[M]. 北京:中国电力出版社,2020.

[5] 陈国平,李明节,许涛,等.关于新能源发展的技术瓶颈研究[J].中国电机工程学报,2017, 37(1):20-26.

[6] 于尔铿. 现代电力系统经济调度[M]. 北京:水利电力出版社,1986.

[7] STEINBERG M, SMITH T H. The theory of incremental rates and their practical application to load division-part I[J]. Transactions of the American Institute of Electrical Engineers, 1934, 53(3): 432-445.

[8] 邱家驹,李征. 用分解线性规划方法求解多区域联合电力系统经济调度问题[J]. 浙江大学学报(自然科学版),1992,26(4):40-47.

[9] HE F W. Enhanced fuzzy linear programming method for economic load dispatch of electric power systems[J]. Electric Power Science and Engineering, 2007, 23(3): 13-16.

[10] JABR R A, COONICK A H, CORY B J. A homogeneous linear programming algorithm for the security constrained economic dispatch problem[J]. IEEE Transactions on Power Systems, 2000, 15(3): 930-936.

[11] FARAG A, ALBAIYAT S, CHENG T C. Economic load dispatch multiobjective optimization procedures using linear-programming techniques[J]. IEEE Transactions on Power Systems, 1995, 10(2): 731-738.

[12] ZHU J Z, MOMOH J A. Multi-area power systems economic dispatch using nonlinear convex network flow programming[J]. Electric Power Systems Research, 2001, 59(1): 13-20.

[13] 郭志东,徐国禹. 用二次规划法解算互联系统经济调度[J]. 电力系统自动化,1998, 22(1):40-44.

[14] PARK Y M, KIM K J. Algorithm for economic load dispatch by the nonlinear programming method[J]. Journal of the Korean Institute of Electrical Engineers, 1977, 26(1): 77-81.

[15] SHOULTS R R, CHAKRAVARTY R K, LOWTHER R. Quasi-static economic dispatch using dynamic programming with an improved zoom feature[J]. Electric Power Systems Research, 1996, 39(3): 215-222.

[16] LIANG Z X, GLOVER J D. A zoom feature for a dynamic-programming solution to economic-dispatch including transmission losses[J]. IEEE Transactions on Power Systems, 1992, 7(2): 544-550.

[17] 马玲,王爽心,刘如九,等. 基于改进动态规划法的火电厂负荷经济调度[J]. 北京交通大学学报,2005,29(4):100-103.

[18] HEMAMALINI S, SIMON S P. Maclaurin series-based Lagrangian method for economic dispatch with valve-point effect[J]. IET Generation Transmission & Distribution, 2009, 3(9): 859-871.

[19] ELKEIB A A, MA H, HART J L. Environmentally constrained economic-dispatch using the lagrangian-relaxation method[J]. IEEE Transactions on Power Systems, 1994, 9(4): 1723-1729.

[20] 刘星. 基于遗传算法的火电厂厂级负荷经济调度的研究[D]. 北京: 华北电力大学(北京),2007.

[21] 陈彦桥,倪敏,刘吉臻,等. 实数编码的遗传算法在厂级负荷优化分配中的应用(英文)[J]. 中国电机工程学报,2007,27(20): 107-112.

[22] 曹一家. 并行遗传算法在电力系统经济调度中的应用——迁移策略对算法性能的影响[J]. 电力系统自动化,2002,26(13): 20-24.

[23] CHENG-CHIEN K. A novel string structure for economic dispatch problems with practical constraints[J]. Energy Conversion and Management, 2008, 49(12): 3571-3577.

[24] 毛亚林,张国忠,朱斌,等. 基于混沌模拟退火神经网络模型的电力系统经济负荷分配[J]. 中国电机工程学报,2005,25(3): 67-72.

[25] RAJAN C C A. A solution to the economic dispatch using EP based SA algorithm on large scale power system[J]. International Journal of Electrical Power & Energy Systems, 2010, 32(6): 583-591.

[26] 毛亚林,张国忠,朱斌,等. 基于混沌粒子群算法的火电厂厂级负荷在线优化分配[J]. 中国电机工程学报,2011,31(26): 103-109.

[27] 吴杰康,韩军锋,刘蔚,等. 基于反捕食粒子群算法的电力系统经济调度方法[J]. 电网技术,2010,34(6): 59-63.

[28] SUBBARAJ P, RENGARAJ R, SALIVAHANAN S. Enhancement of Self-adaptive real-coded genetic algorithm using Taguchi method for Economic dispatch problem[J]. Applied Soft Computing, 2011, 11(1): 83-92.

[29] 刘自发,张建华. 一种求解电力经济负荷分配问题的改进微分进化算法[J]. 中国电机工程学报,2008,28(10): 100-105.

[30] 刘卓,黄纯,郭振华,等. 饱和度自适应微分进化算法在电力经济调度中的应用[J]. 电网技术, 2011, 35(2): 100-104.

[31] DUVVURU N, SWARUP K S. A Hybrid Interior Point Assisted Differential Evolution Algorithm for Economic Dispatch[J]. IEEE Transactions on Power Systems, 2011, 26(2): 541-549.

[32] HE D K, DONG G, WANG F L, et al. Optimization of dynamic economic dispatch with valve-point effect using chaotic sequence based differential evolution algorithms[J]. Energy Conversion and Management, 2010, 52(2): 1026-1032.

[33] BALAMURUGAN R, SUBRAMANIAN S. Hybrid integer coded differential evolution-dynamic programming approach for economic load dispatch with multiple fuel options[J]. Energy Conversion and Management, 2008, 49(4): 608-614.

[34] KUMAR S S, PALANISAMY V. A dynamic programming based fast computation Hopfield neural network for unit commitment and economic dispatch[J]. Electric Power Systems Research, 2007, 77(8): 917-925.

[35]　罗中良.经济调度问题的混合蚁群算法及序列二次规划法解[J].计算机应用研究,2007,24(6):112-114.

[36]　喻洁,李扬,夏安邦.兼顾环境保护与经济效益的发电调度分布式优化策略[J].中国电机工程学报,2009,29(16):63-68.

[37]　GRANELLI G P, MONTAGNA M, PASINI G L, et al. Emission constrained dynamic dispatch[J]. Electric Power Systems Research, 1992, 24(1): 55-64.

[38]　CATALAO J P S, MARIANO S, MENDES V M F, et al. Short-term scheduling of thermal units: emission constraints and trade-off curves[J]. European Transactions on Electrical Power, 2008, 18(1): 1-14.

[39]　SINGH L, DHILLON J S. Secure multiobjective real and reactive power allocation of thermal power units [J]. International Journal of Electrical Power & Energy Systems, 2008, 30(10): 594-602.

[40]　BRAR Y S, DHILLON J S, KOTHARI D P. Fuzzy satisfying multi-objective generation scheduling based on simplex weightage pattern search [J]. International Journal of Electrical Power & Energy Systems, 2005, 27(7): 518-527.

[41]　MUSLU M. Economic dispatch with environmental considerations: tradeoff curves and emission reduction rates[J]. Electric Power Systems Research, 2004, 71(2): 153-158.

[42]　MANDAL K K, CHAKRABORTY N. Short-term combined economic emission scheduling of hydrothermal power systems with cascaded reservoirs using differential evolution[J]. Energy Conversion and Management, 2009, 50(1): 97-104.

[43]　ALANICHAMY C, BABU N S. Analytical solution for combined economic and emissions dispatch[J]. Electric Power Systems Research, 2008, 78(7): 1129-1137.

[44]　CHATURVEDI K T, PANDIT M, SRIVASTAVA L. Hybrid neuro-fuzzy system for power generation control with environmental constraints [J]. Energy Conversion and Management, 2008, 49(11): 2997-3005.

[45]　RAMANATHAN R. Emission constrained economic-dispatch[J]. IEEE Transactions on Power Systems, 1994, 9(4): 1994-2000.

[46]　HEMAMALINI S, SIMON S P. Emission Constrained Economic Dispatch with Valve-Point Effect using Particle Swarm Optimization [C]//IEEE Region 10 Conference Proceedings, 2008: 1500-1505.

[47]　BASU M. Dynamic economic emission dispatch using nondominated sorting genetic algorithm-Ⅱ[J]. International Journal of Electrical Power & Energy Systems, 2008, 30(2): 140-149.

[48]　ABIDO M A. Multiobjective evolutionary algorithms for electric power dispatch problem [J]. IEEE Transactions on Evolutionary Computation, 2006, 10(3): 315-329.

[49]　ABIDO M A. Multiobjective particle swarm optimization for environmental/economic dispatch problem[J]. Electric Power Systems Research, 2009, 79(7): 1105-1113.

[50]　ABIDO M A. Environmental/economic power dispatch using multiobjective evolutionary algorithms[J]. IEEE Transactions on Power Systems, 2003, 18(4): 1529-1537.

[51]　WANG L F, SINGH C. Reserve-constrained multiarea environmental/economic dispatch based on particle swarm optimization with local search[J]. Engineering Applications of Artificial Intelligence, 2009, 22(2): 298-307.

[52] ABIDO M A. A niched Pareto genetic algorithm for multiobjective environmental/economic dispatch[J]. International Journal of Electrical Power & Energy Systems, 2003, 25(2): 97-105.

[53] WANG L, SINGH C. Environmental/economic power dispatch using a fuzzified multi-objective particle swarm optimization algorithm[J]. Electric Power Systems Research, 2007, 77(12): 1654-1664.

[54] 王欣, 秦斌, 阳春华, 等. 基于混沌遗传混合优化算法的短期负荷环境和经济调度[J]. 中国电机工程学报, 2006, 26(11): 128-133.

[55] WANG L, SINGH C. Stochastic economic emission load dispatch through a modified particle swarm optimization algorithm[J]. Electric Power Systems Research, 2008, 78(8): 1466-1476.

[56] 邓彦斌. 火电厂脱硫项目效益综合评价研究[D]. 保定: 华北电力大学(河北), 2008.

[57] 吴凤. 燃煤电厂二氧化硫排污权交易制度的研究[D]. 北京: 华北电力大学(北京), 2006.

[58] 李显鹏. 燃煤电厂脱硫脱硝电价补偿机制研究[D]. 北京: 华北电力大学(北京), 2009.

[59] KALLINIKOS L E, FARSARI E I, Spartinos D N, et al. Simulation of the operation of an industrial wet flue gas desulfurization system[J]. Fuel Processing Technology, 2010, 91(12): 1794-1802.

[60] 颜岩, 彭晓峰, 王补宣. 循环流化床内烟气脱硫模拟分析[J]. 中国电机工程学报, 2003, 23(11): 177-181.

[61] 梅亚东, 朱教新. 黄河上游梯级水电站短期优化调度模型及迭代解法[J]. 水力发电学报, 2000, (2): 1-7.

[62] HERNANDEZ H M, DIAZ J A, SANCHEZ G A, et al. Operations planning of colombian hydrothermal interconnected system[J]. IEEE Transactions on Power Systems, 1991, 6(2): 778-786.

[63] 骆济寿, 张川. 电力系统优化运行[M]. 武汉: 华中理工大学出版社, 1993.

[64] JOHANNESEN A, GJELSVIK A, FOSSO O B, et al. Optimal short-term hydro scheduling including security constraints [J]. IEEE Transactions on Power Systems, 1991, 6(2): 576-583.

[65] 朱继忠, 徐国禹. 用网流法求解水火电力系统有功负荷分配[J]. 系统工程理论与实践, 1995, (1): 69-73.

[66] TANG J X, LUH P B. Hydrothermal scheduling via extended differential dynamic programming and mixed coordination[J]. IEEE Transactions on Power Systems, 1995, 10(4): 2021-2028.

[67] 董子敖. 水库群调度与规划的优化理论和应用[M]. 济南: 山东科学技术出版社, 1989.

[68] LIU C, SHAHIDEHPOUR M, WANG J. Application of augmented Lagrangian relaxation to coordinated scheduling of interdependent hydrothermal power and natural gas systems[J]. IET Generation Transmission & Distribution, 2010, 4(12): 1314-1325.

[69] PETCHARAKS N, ONGSAKUL W. Hybrid enhanced Lagrangian relaxation and quadratic programming for hydrothermal scheduling[J]. Electric Power Components and Systems, 2007, 35(1): 19-42.

[70] NGUNDAM J M, KENFACK F, TATIETSE T T. Optimal scheduling of large-scale hydrothermal power systems using the Lagrangian relaxation technique[J]. International

Journal of Electrical Power & Energy Systems, 2000, 22(4): 237-245.

[71] LIANG R H, KE M H, CHEN Y T. Coevolutionary Algorithm Based on Lagrangian Method for Hydrothermal Generation Scheduling [J]. IEEE Transactions on Power Systems, 2009, 24(2): 499-507.

[72] HOLLAND J H. Genetic algorithms and the optimal allocation of trials [J]. SIAM Journal on Computing, 1973, 2(2): 88-105.

[73] SASIKALA J, Ramaswamy M. Optimal gamma based fixed head hydrothermal scheduling using genetic algorithm[J]. Expert Systems with Applications, 2010, 37(4): 3352-3357.

[74] WU Y G, HO C Y, WANG D Y. A diploid genetic approach to short-term scheduling of hydro-thermal system[J]. IEEE Transactions on Power Systems, 2000, 15(4): 1268-1274.

[75] EL DESOUKY A A, AGGARWAL R, ELKATEB M M, et al. Advanced hybrid genetic algorithm for short-term generation scheduling[J]. IEE Proceedings-Generation Transmission and Distribution, 2001, 148(6): 511-517.

[76] WONG K P, WONG Y W. Short-term hydrothermal scheduling 1. simulated annealing approach [J]. IEE Proceedings-Generation Transmission and Distribution, 1994, 141(5): 497-501.

[77] WONG K P, WONG Y W. Short-term hydrothermal scheduling 2. parallel simulated annealing approach [J]. IEE Proceedings-Generation Transmission and Distribution, 1994, 141(5): 502-506.

[78] LIANG R H, HSU Y Y. Scheduling of hydroelectric generations using artificial neural networks [J]. IEEE Proceedings-Generation Transmission and Distribution, 1994, 141(5): 452-458.

[79] 朱敏,王定一.基于人工神经网络的梯级水电厂日优化运行[J].电力系统自动化,1999, 23(10): 35-40.

[80] PARK J H, KIM Y S, EOM I K, et al. Economic load dispatch for piecewise quadratic cost function using hopfield neural-network[J]. IEEE Transactions on Power Systems, 1993, 8(3): 1030-1038.

[81] BELLMAN R E, ZADEH L A. Decision-making in a fuzzy environment[J]. Management Science Series B-Application, 1970, 17(4): B141-B164.

[82] HUANG S J. Hydroelectric generation scheduling—an application of genetic-embedded fuzzy system approach[J]. Electric Power Systems Research, 1998, 48(1): 65-72.

[83] 谢永胜,孙洪波,徐国禹.基于模糊来水量、模糊负荷的短期水火电调度[J].中国电机工程学报,1996,16(6): 430-433.

[84] FOGEL L J. Competitive goal-seeking through evolutionary programming [R]. Final Report, 23 Mar. 1966-14 Feb. 1969.

[85] HOTA P K, CHAKRABARTI R, CHATTOPADHYAY P K. Short-term hydrothermal scheduling through evolutionary programming technique[J]. Electric Power Systems Research, 1999, 52(2): 189-196.

[86] SINHA N, CHAKRABARTI R, CHATTOPADHYAY P K. Fast evolutionary programming techniques for short-term hydrothermal scheduling [J]. IEEE Transactions on Power Systems, 2003, 18(1): 214-220.

[87] STORN R, PRICE K. Minimizing the real functions of the ICEC'96 contest by

differential evolution［C］. Proceedings of 1996 IEEE International Conference on Evolutionary Computation (ICEC'96) (Cat No96TH8114)，1996：842-844.

［88］ MANDAL K K，CHAKRABORTY N. Differential evolution technique-based short-term economic generation scheduling of hydrothermal systems［J］. Electric Power Systems Research，2008，78(11)：1972-1979.

［89］ LU Y，ZHOU J，QIN H，et al. An adaptive chaotic differential evolution for the short-term hydrothermal generation scheduling problem［J］. Energy Conversion and Management，2010，51(7)：1481-1490.

［90］ LAKSHMINARASIMMAN L，SUBRAMANIAN S. A modified hybrid differential evolution for short-term scheduling of hydrothermal power systems with cascaded reservoirs［J］. Energy Conversion and Management，2008，49(10)：2513-2521.

［91］ KENNEDY J，EBERHART R. Particle swarm optimization［C］//IEEE International Conference on Neural Networks Proceedings，1995：1942-1948.

［92］ 袁晓辉，王乘，张勇传，等. 粒子群优化算法在电力系统中的应用［J］. 电网技术，2004，28(19)：14-19.

［93］ EL-GALLAD A，EL-HAWARY M，SALLAM A，et al. Paticle swarm optimizer for constrained economic distpatch with prohibited operating zones［C］//IEEE Canadian Conference on Electrical and Computer Engineering，2002：78-81.

［94］ MANDAL K K，BASU M，CHAKRABORTY N. Particle swarm optimization technique based short-term hydrothermal scheduling［J］. Applied Soft Computing，2008，8(4)：1392-1399.

［95］ HOTA P K，BARISAL A K，CHAKRABARTI R. An improved PSO technique for short-term optimal hydrothermal scheduling［J］. Electric Power Systems Research，2009，79(7)：1047-1053.

［96］ AMJADY N，SOLEYMANPOUR H R. Daily Hydrothermal Generation Scheduling by a new Modified Adaptive Particle Swarm Optimization technique［J］. Electric Power Systems Research，2010，80(6)：723-732.

［97］ YU B，YUAN X，WANG J. Short-term hydro-thermal scheduling using particle swarm optimization method［J］. Energy Conversion and Management，2007，48(7)：1902-1908.

［98］ DEB K，AGRAWAL S，PRATAP A，et al. A fast elitist non-dominated sorting genetic algorithm for multi-objective optimization：NSGA-II［C］//Proceedings of 6th International Conference on Parallel Problem Solving from Nature，2000：849-858.

［99］ DEB K. Scope of stationary multi-objective evolutionary optimization：a case study on a hydro-thermal power dispatch problem［J］. Journal of Global Optimization，2008，41(4)：479-515.

［100］ KIM M，HIROYASU T，MIKI M，et al. SPEA2＋：Improving the performance of the strength Pareto evolutionary algorithm［C］//International Conference on Parallel Problem Solving from Nature (PPSN VIII)，2004：742-751.

［101］ BASU M. An interactive fuzzy satisfying method based on evolutionary programming technique for multiobjective short-term hydrothermal scheduling［J］. Electric Power Systems Research，2004，69(2-3)：277-285.

［102］ QIN H，ZHOU J，LU Y，et al. Multi-objective differential evolution with adaptive

Cauchy mutation for short-term multi-objective optimal hydro-thermal scheduling[J]. Energy Conversion and Management, 2010, 51(4): 788-794.

[103] REYNOLDS R G. An introduction to cultural algorithms[C]//Third Annual Conference on Evolutionary Programming, 1994: 131-139.

[104] YUAN X H, YUAN Y B. Application of cultural algorithm to generation scheduling of hydrothermal systems[J]. Energy Conversion and Management, 2006, 47(15-16): 2192-2201.

[105] LU Y L, ZHOU J Z, QIN H, et al. A hybrid multi-objective cultural algorithm for short-term environmental/economic hydrothermal scheduling[J]. Energy Conversion and Management, 2011, 52(5):2121-2134.

[106] MANDAL K K, CHAKRABORTY N. Daily combined economic emission scheduling of hydrothermal systems with cascaded reservoirs using self organizing hierarchical particle swarm optimization technique[J]. Expert Systems with Applications, 2012, 39(3): 3438-3445.

[107] LU S, SUN C, LU Z. An improved quantum-behaved particle swarm optimization method for short-term combined economic emission hydrothermal scheduling[J]. Energy Conversion and Management, 2010, 51(3): 561-571.

[108] SUN C F, LU S F. Short-term combined economic emission hydrothermal scheduling using improved quantum-behaved particle swarm optimization[J]. Expert Systems with Applications, 2010, 37(6): 4232-4241.

[109] BASU M. A simulated annealing-based goal-attainment method for economic emission load dispatch of fixed head hydrothermal power systems[J]. International Journal of Electrical Power & Energy Systems, 2005, 27(2): 147-153.

[110] MANDAL K K, Chakraborty N. Short-term combined economic emission scheduling of hydrothermal systems with cascaded reservoirs using particle swarm optimization technique[J]. Applied Soft Computing, 2011, 11(1): 1295-1302.

[111] 赵国杰. 梯级水电站长期优化调度研究[D]. 天津：天津大学,2004.

[112] 杨东方. 电力市场环境下水电站中长期径流预测及优化调度研究[D]. 四川：四川大学,2003.

[113] 黄强,赵雪花. 河川径流时间序列分析预测理论与方法[M]. 郑州：黄河水利出版社,2008.

[114] 杨位钦,顾岚. 时间序列分析与动态数据建模[M]. 北京：北京工业学院出版社,1986.

[115] ALTMAN E. Constrained Markov decision processes[M]. CRC Press, 1999.

[116] 邓聚龙. 灰理论基础[M]. 武汉：华中科技大学出版社,2002.

[117] WILLIAMS G P. Chaos theory tamed[M]. CRC Press, 1997.

[118] 温权,张士军,张勇传. 葛洲坝隔河岩联合调峰长期优化调度[J]. 华中理工大学学报, 1999,27(2): 55-57.

[119] 权先璋,温权,张勇传. 混沌预测技术在径流预报中的应用[J]. 华中理工大学学报, 1999,27(12): 41-43.

[120] 李彩林. 水电站中长期优化调度与风险研究[D]. 武汉：华中科技大学,2007.

[121] LAMOND B F, BOUKHTOUTA A. Optimizing long-term hydro-power production using Markov decision processes[J]. International Transactions in Operational Research, 1996,

3 (3-4)：223-241.

[122] ZHAO Y J, CHEN X, JIA Q S, et al. Long-term scheduling for cascaded hydro energy systems with annual water consumption and release constraints[J]. IEEE Transactions on Automation Science and Engineering, 2010, 7(4)：969-976.

[123] 王金文,石琦,伍永刚,等. 水电系统长期发电优化调度模型及其求解[J]. 电力系统自动化,2002,26(24)：22-25,30.

[124] SOARES S, CARNEIRO A A F. Optimal operation of reservoirs for electric generation [J]. IEEE Transactions on Power Delivery, 1991, 6(3)：1101-1107.

[125] 李占英. 梯级水电站群径流随机模拟及中长期优化调度[D]. 大连：大连理工大学,2007.

[126] 吴正佳,周建中,杨俊杰,等. 调峰容量效益最大的梯级电站优化调度[J]. 水力发电,2007,33(1)：74-76.

[127] 郭壮志,吴杰康,孔繁镍,等. 梯级水电站水库蓄能利用最大化的长期优化调度[J]. 中国电机工程学报,2010,30(1)：20-26.

[128] 曾勇红,姜铁兵,张勇传. 三峡梯级水电站蓄能最大长期优化调度模型及分解算法[J]. 电网技术,2004,28(10)：5-8.

[129] 武新宇,程春田,王静,等. 受送电规模限制下水电长期可吸纳电量最大优化调度模型[J]. 中国电机工程学报,2011,31(22)：8-16.

[130] YU Z W, SPARROW F T, BOWEN B H. A new long-term hydro production scheduling method for maximizing the profit of hydroelectric systems[J]. IEEE Transactions on Power Systems, 1998, 13(1)：66-71.

[131] 陈毕胜,李承军. 水库长期优化调度发电效益最大模型探讨[J]. 水电能源科学,2004,22(3)：51-52+60.

[132] 曾军干,熊信艮. 梯级电站水库优化调度研究[J]. 广东水利水电,2000,(6)：37-39.

[133] 王敬. 综合利用水库优化调度模型研究[J]. 郑州工业大学学报,2001,22(1)：71-73.

[134] MARTINEZ L, SOARES S. Comparison between closed-loop and partial open-loop feedback control policies in long term hydrothermal scheduling[J]. IEEE Transactions on Power Systems, 2002, 17(2)：330-336.

[135] ZAMBELLI M, SIQUEIRA T G, CICOGNA M, et al. Deterministic versus stochastic models for long term hydrothermal scheduling[C]//IEEE Power Engineering Society General Meeting, 2006, 3985-3991.

[136] LITTLE J D C. The use of storage water in a hydroelectric system[J]. Journal of the Operations Research Society of America, 1955, 3(2)：187-197.

[137] MORAN P. A probability theory of dams and storage systems[J]. Aust Jour App Sci, 1954, 5(4)：116-124.

[138] BELLMAN R E, Dreyfus S E. Applied dynamic programming[C]//Proceedings of the National Academy of Sciences, USA, 1962, 48(10)：1735-1742.

[139] 张勇传. 水电站水库调度[M]. 北京：中国工业出版社,1963.

[140] 谭维炎,刘健民,黄守信,等. 应用随机动态规划进行水电站水库的最优调度[J]. 水利学报,1982,(7)：1-7.

[141] FERRERO R W, RIVERA J F, SHAHIDEHPOUR S M. Dynamic programming two-stage algorithm for long-term hydrothermal scheduling of multireservoir systems[J].

IEEE Transactions on Power Systems, 1998, 13(4): 1534-1540.

[142] 王金文,袁晓辉,张勇传. 随机动态规划在三峡梯级长期发电优化调度中的应用[J]. 电力自动化设备,2002,22(8): 54-56.

[143] 傅巧萍,尚金成,张士军,等. 水电站长期优化调度的神经元网络方法[J]. 水电能源科学,1998,16(3): 27-32.

[144] 胡铁松,袁鹏,丁晶. 人工神经网络在水文水资源中的应用[J]. 水科学进展,1995,6(1): 76-82.

[145] 张勇传,李福生,熊斯毅,等. 水电站水库群优化调度方法的研究[J]. 水力发电,1981,(11): 48-52.

[146] 李爱玲.水电站水库群系统优化调度的大系统分解协调方法研究[J]. 水电能源科学,1997,15(4): 59-64.

[147] YU Z, SPARROW F T, NDERITU D. Long-term hydrothermal scheduling using composite thermal and composite hydro representations[J]. IEE Proceedings-Generation Transmission and Distribution, 1998, 145(2): 210-216.

[148] CHRISTOFORIDIS M, AGANAGIC M, AWOBAMISE B, et al. Long-term mid-term resource optimization of a hydro-dominant power system using interior point method[J]. IEEE Transactions on Power Systems, 1996, 11(1): 287-294.

[149] MARTINS L S A, SOARES S, AZEVEDO A T, et al. A nonlinear model for the long-term hydro-thermal generation scheduling problem over multiple areas with transmission constraints[C]. IEEE/PES Power Systems Conference and Exposition, 2009, 1182-1188.

[150] MANTAWY A H, SOLIMAN S A, EL-HAWARY M E. The long-term hydro-scheduling problem-a new algorithm[J]. Electric Power Systems Research, 2003, 64(1): 67-72.

[151] 王黎,马光文.基于遗传算法的水电站优化调度新方法[J]. 系统工程理论与实践,1997,(7): 67-71,84.

[152] 张建,马光文,杨东方,等. 双倍体遗传算法求解龙溪河梯级电站长期优化调度问题[J]. 四川水利,2002,(5): 33-35.

[153] MANTAWY A H, SOLIMAN S A, EL-HAWARY M E. An innovative simulated annealing approach to the long-term hydro scheduling problem[C]//8th International Middle East Power Systems Conference MEPCON'2001, 2001, 2: 991-997.

[154] 冯雁敏,李承军,张铭. 基于改进粒子群算法的水库中长期调度函数研究[J]. 水力发电,2008,34(2): 94-97.

[155] 吴刚.改进 PSO 算法在水库长期优化调度中的应用研究[D]. 昆明:昆明理工大学,2009.

[156] 黄炜斌,马光文,王和康,等. 混沌粒子群算法在水库中长期优化调度中的应用[J]. 水力发电学报,2010,29(1): 102-105.

[157] SCHIEBAHN S, GRUBE T, ROBINIUS M, et al. Power to gas: Technological overview, systems analysis and economic assessment for a case study in Germany[J]. International Journal of Hydrogen Energy, 2015, 40, 4285-4294.

[158] GÖTZ M, LEFEBVRE J, MÖRS F, et al. Renewable power-to-gas: A technological and economic review[J]. Renewable Energy, 2016, 85, 1371-1390.

[159] CLEGG S, MANCARELLA P. Integrated modeling and assessment of the operational impact of power-to-gas (P2G) on electrical and gas transmission networks[J]. IEEE

Transactions on Sustainable Energy，2015，6(4)，1234-1244.

[160] 陈胜,卫志农,孙国强，等. 电-气混联综合能源系统概论能量流分析[J]. 中国电机工程学报，2015，35(24):6331-6340.

[161] 孙国强,陈霜,卫志农，等. 计及相关性的电-气互联系统概论最优潮流[J]. 电力系统自动化,2015,39(21):11-17.

[162] LIU C, SHAHIDEHPOUR M, FU Y, et al. Security-constrained unit commitment with natural gas transmission constraints[J]. IEEE Transactions on Power Systems, 2009, 24(3): 1523-1536.

[163] GEIDL M, ANDERSSON Q. Optimal power flow of multiple energy carriers[J]. IEEE Transactions on Power Systems, 2007, 22(1): 145-155.

[164] QADRDAN M, WU J Z, JENKINS N, et al. Operating strategies for a GB integrated gas and electricity network considering the uncertainty in wind power forecasts[J]. IEEE Transactions on Sustainable Energy, 2014, 5(1): 128-138.

[165] CHAUDRY M, JENKINS N, STRBAC G. Multi-time period combined gas and electricity network optimization[J]. Electric Power Systems Research, 2008, 78(7): 1265-1279.

[166] 王伟亮,王丹,贾宏杰,等. 考虑天然气网络状态的电力-天然气区域综合能源系统稳态分析[J]. 中国电机工程学报,2017,37(5): 1293-1304.

[167] 李杨,刘伟佳,赵俊华,等. 含电转气的电-气-热系统协同调度与消纳风电效益分析[J]. 电网技术,2016, 40(12): 3680-3688.

[168] CLEGG S, MANCARELLA P. Integrated electrical gas network flexibility assessment in low-carbon multi-energy systems[J]. IEEE Transactions on Sustainable Energy, 2016, 7(2): 718-731.

[169] LI G Q, ZHANG R F, JIANG T. Security-constrained bi-level economic dispatch model for integrated natural gas and electricity systems considering wind power and power-to-gas process[J]. Applied Energy, 2017, 194, 696-704.

[170] GUANDALINI G, CAMPANARI S, ROMANO MC. Power-to-gas plants and gas turbines for improved wind energy dispatchability: Energy and economic assessment[J]. Applied Energy, 2015, 147: 117-130.

[171] 陈沼宇,王丹,贾宏杰,等. 考虑P2G多元储能型微网日前最优经济调度策略研究[J]. 中国电机工程学报,2017, 37(11): 3067-3077.

[172] 卫志农,张思德,孙国强,等. 计及电转气的电-气互联综合能源系统削峰填谷研究[J]. 中国电机工程学报,2017, 37(16): 4601-4609.

[173] HOGAN J. Hawking cracks black hole paradox[N/OL]. New Scientist, 2004, http://www.newscientist.com/article/dn6151-hawking-cracks-black-hole-paradox.html.

[174] ZHANG J Q, LIU K, TAN Y, et al. Random black hole particle swarm optimization and its application [C]. International Conference on Neural Networks and Signal Processing, 2008: 359-365.

[175] 王秋石,席小炎,黄建军. 微观经济学原理[M].3 版. 北京：经济管理出版社,2000.

[176] 刘静,罗先觉.采用多目标随机黑洞粒子群优化算法的环境经济发电调度[J]. 中国电机工程学报,2010, 30(34):105-111.

[177] WU L H, WANG Y N, YUAN X F, et al. Environmental/economic power dispatch

problem using multi-objective differential evolution algorithm [J]. Electric Power Systems Research, 2010, 80(9): 1171-1181.

[178]　LIU J, LUO X J. Optimal economic emission hydrothermal scheduling using a novel algorithm based on black hole theory and annual profit analysis considering fuel gas desulphurization [C]//Proceedings of the 1st International IET Renewable Power Generation Conference, Edinburgh, UK, 6-8 September 2011.

[179]　孙克勤. 电厂烟气脱硫设备及运行[M]. 北京: 中国电力出版社, 2007.

[180]　卢有麟, 周建中, 覃晖, 等. 基于自适应混合差分进化算法的水火电力系统短期发电计划优化[J]. 电网技术, 2009, 33(13): 32-36.

[181]　裴哲义, 伍永刚, 纪昌明, 等. 跨区域水电站群优化调度初步研究[J]. 电力系统自动化, 2010, 34(24): 23-26, 50.

[182]　吴杰康, 郭壮志, 丁国强. 采用梯级水电站动态弃水策略的多目标短期优化调度[J]. 中国电机工程学报, 2011, 31(4): 15-23.

[183]　李辉. 红水河梯级水库群短期优化调度研究与应用[D]. 大连: 大连理工大学, 2011.

[184]　马宁. 水电站短期发电调度实用化模型及应用研究[D]. 大连: 大连理工大学, 2011.

[185]　吴杰康, 朱建全. 机会约束规划下的梯级水电站短期优化调度策略[J]. 中国电机工程学报, 2008, 28(13): 41-46.

[186]　刘静, 罗先觉. 处理梯级水电站复杂约束的短期水火电系统环境经济优化调度[J]. 中国电机工程学报, 2012, 32(14): 27-35.

[187]　王静. 水火电系统中期优化调度模型与应用研究[D]. 大连: 大连理工大学, 2011.

[188]　CORREA-POSADA C M, SÁNCHEZ-MARTÍN P. Integrated power and natural gas model for energy adequacy in short-term operation[J]. IEEE Transactions on Power Systems, 2015, 30, 3347-3355.

[189]　LIU J, SUN W, HARRISON G P. Optimal low-carbon economic environmental dispatch of hybrid electricity-natural gas energy systems considering P2G [J]. Energies, 2019, 12(7): 1355-1371.

[190]　OSIADACZ A J. Simulation and Analysis of Gas Networks [M]. Gulf Publishing Company: Houston, TX, USA, 1987.

[191]　MOHAMED A A M, FARAG H E, EL-SAADANY E F, et al. A novel and generalized three-phase power flow algorithm for islanded microgrids using a newton trust region method[J]. IEEE Transactions on Power Systems, 2013, 28(1): 190-201.

[192]　WILAMOWSKI B M, YU H. Improved computation for Levenberg-Marquardt training [J]. IEEE Transactions on Neural Networks, 2010, 21(6): 930-937.

[193]　GONDAL I A. Hydrogen integration in power-to-gas networks [J]. International Journal of Hydrogen Energy, 2019, 44(3): 1803-1815.

[194]　DE SANTOLI L, LO BASSO G, NASTASI B. The potential of hydrogen enriched natural gas deriving from power-to-gas option in building energy retrofitting[J]. Energy and Buildings, 2017, 149: 424-436.

[195]　HE C, LIU T Q, WU L, et al. Robust coordination of interdependent electricity and natural gas systems in day-ahead scheduling for facilitating volatile renewable generations via power-to-gas technology[J]. Journal of Modern Power Systems and Clean Energy, 2017, 5(3): 375-388.

[196]　LIU J, SUN W, HARRISON G P. The economic and environmental impact of power to hydrogen/power to methane facilities on the hybrid power-natural gas energy systems [J]. International Journal of Hydrogen Energy, 2020, 45(39): 20200-20209.

[197]　CLEGG S, MANCARELLA P. Integrated electrical gas network flexibility assessment in low-carbon multi-energy systems[J]. IEEE Transactions on Sustainable Energy, 2016, 7(2): 718-731.

[198]　LANNOYE E, FLYNN D, O' Malley M. Evaluation of power system flexibility[J]. IEEE Transactions on Power Systems, 2012, 27(2): 922-931.

[199]　GUO Z Y, ZHENG Y N, LI G Y. Power system flexibility quantitative evaluation based on improved universal generating function method: A case study of Zhangjiakou[J]. Energy, 2020, 205: 117963-117974.

[200]　XU X D, LYU Q, QADRDAN M, et al. Quantification of flexibility of a district heating system for the power grid[J]. IEEE Transactions on Sustainable Energy, 2020, 11: 2617-2630.

[201]　HUO Y C, BOUFFARD F, JOOS G. Spatio-temporal flexibility management in low-carbon power systems [J]. IEEE Transactions on Sustainable Energy, 2020, 11, 2593-2605.

[202]　IMPRAM S, NESE S V, ORAL B. Challenges of renewable energy penetration on power system flexibility: A survey[J]. Energy Strategy Reviews, 2020, 31: 100539-1.

[203]　AMELI H, QADRDAN M, STRBAC G. Value of gas network infrastructure flexibility in supporting cost effective operation of power systems[J]. Applied Energy, 2017, 202: 571-580.

[204]　CLEGG S, MANCARELLA P. Integrated electricity-heat-gas modelling and assessment, with applications to the Great Britain system. Part Ⅱ: Transmission network analysis and low carbon technology and resilience case studies[J]. Energy, 2019,184:191-203.

[205]　CLEGG S, MANCARELLA P. Integrated electricity-heat-gas modelling and assessment, with applications to the Great Britain system. Part Ⅰ: High-resolution spatial and temporal heat demand modelling[J]. Energy, 2019, 184: 180-190.

[206]　CHICCO G, RIAZ S, MAZZA A. Flexibility from distributed multienergy systems[J]. Proceedings of the IEEE 2020,108(9): 1496-1517.

[207]　LIU J, SUN W, YAN J H. Effect of P2G on flexibility in integrated power-natural gas-heating energy systems with gas storage[J]. Energies, 2021, 14(1): 196-210.

附录 A

长期水火电系统优化调度算例数据

表 A-1　火电机组数据参数

机组编号	P_s^{min}/MW	P_s^{max}/MW	冷启动费用/万元	a/($/h)	b/($/(MW·h))	c/($/(MW²·h))	d/($/h)	e/(rad/MW)	a'/(kg/h)	β/(kg/(MW·h))	γ/(kg/(MW²·h))	δ/(kg/h)	λ/MW⁻¹
1	150	600	125.12	181.569	8.8938	0.0352	103.8462	0.0410	3.1017	-0.0733	9.36×10^{-4}	0.0151	0.0207
2	150	600	125.12	181.569	8.8938	0.0352	103.8462	0.0410	3.1017	-0.0733	9.36×10^{-4}	0.0151	0.0207
3	150	600	125.12	181.569	8.8938	0.0352	103.8462	0.0410	3.1017	-0.0733	9.36×10^{-4}	0.0151	0.0207
4	150	600	125.12	181.569	8.8938	0.0352	103.8462	0.0410	3.1017	-0.0733	9.36×10^{-4}	0.0151	0.0207
5	80	300	57.82	317.7457	15.5641	0.0615	181.7308	0.1025	0.1086	-0.0010	3.27×10^{-5}	5.28×10^{-4}	0.0518
6	80	300	57.82	317.7457	15.5641	0.0615	181.7308	0.1025	0.1086	-0.0010	3.27×10^{-5}	5.28×10^{-4}	0.0518
7	40	150	30.20	522.0107	25.5696	0.1011	298.5577	0.2563	0.0013	-4.82×10^{-6}	3.90×10^{-7}	6.29×10^{-6}	0.1294
8	40	150	30.20	522.0107	25.5696	0.1011	298.5577	0.2563	0.0013	-4.82×10^{-6}	3.90×10^{-7}	6.29×10^{-6}	0.1294
9	20	80	11.59	612.7952	30.0165	0.1187	350.4808	0.6406	1.26×10^{-6}	-1.86×10^{-9}	3.80×10^{-10}	6.13×10^{-9}	0.3234
10	10	55	8.80	612.7952	30.0165	0.1187	350.4808	1.2813	5.81×10^{-11}	-4.27×10^{-14}	1.75×10^{-14}	2.83×10^{-13}	0.6469

表 A-2 水库数据

水电站编号	调节性能	正常蓄水位/m	防洪限制水位/m	死水位/m	防洪库容/10^9 m³	初始库容/10^9 m³
1	年调节	2600	2594	2530	51.80	246.98
2	不完全年调节	1735	1730	1717	15.57	40.68

水电站编号	下游水位/m	设计水头/m	最小水头/m	最大水头/m	校核洪水位/m	最终库容/10^9 m³
1	2451	122	111	149	2607	224
2	1615	110	70	114	1738	35

水电站编号	最大泄流量/(m³/s)	机组台数/台	最小水电出力/MW	最大水电出力/MW	最小发电流量/(m³/s)	最大发电流量/(m³/s)
1	9534	4	0	1280	0	1392
2	7413	5	0	1350	0	1691

表 A-3 各水库天然来水量 10^9 m³

水库	月份											
	1	2	3	4	5	6	7	8	9	10	11	12
水库1	4.29	4.33	5.81	8.94	9.25	10.35	29.81	30.20	28.82	11.43	8.81	5.65
水库2	8.47	8.47	8.76	9.17	10.64	12.23	22.99	28.87	27.79	12.21	10.25	8.61

表 A-4 城市供水量和农田灌溉用水量要求 10^9 m³

月份	城市供水与农田灌溉用水最小量		城市供水与农田灌溉用水最大量		月份	城市供水与农田灌溉用水最小量		城市供水与农田灌溉用水最大量	
	水电站1	水电站2	水电站1	水电站2		水电站1	水电站2	水电站1	水电站2
1	0.195	0.780	0.234	0.936	7	0.150	0.600	0.180	0.720
2	0.195	0.780	0.234	0.936	8	0.138	0.550	0.165	0.660
3	0.220	0.880	0.264	1.056	9	0.300	1.200	0.360	1.440
4	0.376	1.510	0.453	1.812	10	0.338	1.350	0.405	1.620
5	0.300	1.200	0.360	1.440	11	0.288	1.150	0.345	1.380
6	0.200	0.800	0.240	0.960	12	0.225	0.900	0.270	1.080

表 A-5 全年各月的负荷值 10^9 kW·h

月份	1	2	3	4	5	6
负荷	24.68632	21.10268	25.34273	24.71293	24.75729	26.38944

月份	7	8	9	10	11	12
负荷	28.88202	30.86899	28.32319	26.43379	28.34093	28.86428

表 A-6 上游水位与库容的关系表

水库 1	上游水位/m	2530	2540	2550	2560	2570	2580	2590	2600
	库容/$10^9 \mathrm{m}^3$	53.43	72.13	93.36	117.78	145.3	176.06	210.11	246.98
水库 2	上游水位/m	1694	1717	1720	1725	1727	1730	1735	—
	库容/$10^9 \mathrm{m}^3$	15.5	20.24	22.95	28.08	30.43	34.18	40.68	—

表 A-7 库容与上游水位的拟合方程参数表

水库	$a_{u,j}/(10^9 \mathrm{m}^3/\mathrm{m}^3)$	$b_{u,j}/(10^9 \mathrm{m}^3/\mathrm{m}^2)$	$c_{u,j}/(10^9 \mathrm{m}^3/\mathrm{m})$	$d_{u,j}/(10^9 \mathrm{m}^3)$
水库 1	8.8131×10^{-6}	-0.0523	96.8693	-5.3272×10^4
水库 2	-2.4789×10^{-4}	1.2983	-2.2652×10^3	1.3166×10^6

附录B

缩写词列表

缩写词	全　称	含　义
ANN	artificial neural networks	人工神经网络
AR	auto-regressive	自回归
CA	cultural algorithms	文化算法
DE	differential evolution	差分进化
DP	dynamic programming	动态规划
EP	evolutionary programming	进化规划
FGD	fuel gas desulphurization	石灰石—石膏湿法烟气脱硫技术
GA	genetic algorithm	遗传算法
Gbest	global best	全局极值
HMOCA	hybrid multi-objective cultural algorithm	混合多目标文化算法
IMORBHPSO	improved multi-objective random black-hole particle swarm optimization	改进的多目标随机黑洞粒子群优化
IQPSO	improved quantum-behaved particle swarm optimization	改进的量子行为粒子群优化
IRBHPSO	improved random black-hole particle swarm optimization	改进的随机黑洞粒子群优化
LP	linear programming	线性规划
LR	Lagrangian relaxation	拉格朗日松弛
MOCA	multi-objective cultural algorithm	多目标文化算法
MODE	multi-objective differential evolution	多目标差分进化
MOEP	multi-objective evolutionary programming	多目标进化规划
MOPSO	multi-objective particle swarm optimization	多目标粒子群优化

缩写词	全　　称	含　　义
MORBHPSO	multi-objective random black-hole particle swarm optimization	多目标随机黑洞粒子群优化
NFP	net flow programming	网络流规划
NPGA	niched Pareto genetic algorithm	小生境帕累托遗传算法
NSGA	non-dominated sorting genetic algorithm	非占优排序遗传算法
NSGA-Ⅱ	non-dominated sorting genetic algorithm Ⅱ	非占优排序遗传算法Ⅱ
OEED	optimal environmental economic dispatching	环境经济优化调度
P2G	power-to-gas	电转气
P2H	power-to-hydrogen	电转氢气
P2M	power-to-methane	电转甲烷
Pbest	personal best	个体极值
POF	Pareto optimal front	帕累托最优前沿
PSO	particle swarm optimization	粒子群优化
RBHPSO	random black-hole particle swarm optimization	随机黑洞粒子群优化
SA	simulated annealing	模拟退火
SOEEHS	short-term optimal environmental economic hydrothermal scheduling	短期水火电系统环境经济优化调度
SOEETD	short-term optimal environmental economic thermal dispatching	短期火电系统环境经济优化调度
SOEHS	short-term optimal economic hydrothermal scheduling	短期水火电系统经济优化调度
SOETD	short-term optimal economic thermal dispatching	短期火电系统经济优化调度
SPEA	strength Pareto evolutionary algorithm	加强帕累托进化算法
TAR	threshold auto-regressive	门限自回归